南京艺术学院校级重点教材

现代纺织艺术设计丛书
Modern Textile Art and Design Series

纺织品纹样设计

TEXTILE PATTERN DESIGN

龚建培　薛宁　编著

西南大学出版社
国家一级出版社　全国百佳图书出版单位

编审委员会

PROLOGUE

从 "老染" 说起

我国的纺织艺术设计自它发轫起就被约定俗成地称为"染织美术（艺术）设计"，简称"染织"，它应该是纺织艺术设计与制作工艺——印、染、织、绣的一种简称。这一称谓何人、何时开始用之，现已无从考证，"染织"一词多用于院校的学科分类及教学术语之中。因而，我们这些多年从事纺织艺术设计教学的教书匠或毕业于染织专业的同仁都自豪地称自己为"老染"。

"老染"似乎有着一些共同的特点，待人实诚，事事认真谨慎，教学一丝不苟，甚至有点儿古板，其中在各院校从事管理工作的也不鲜见。大概是图案和中国画类基本功较扎实之故，在大纺织不景气的日子里，有不少"老染"改行转绘画的在绘画界煞是出名，做其他设计工作的也出落得成绩斐然，这就是"老染"的能耐之一，而一直坚持在纺织艺术设计教学领域的则都是名副其实的"老染"。

纺织艺术（包括印、染、织、绣）是世界上最早、也是涉及范围最广的艺术形式之一，它不但反映了世界各民族历史、文化、技术、经济的发展状况，也从一个侧面反映了各民族不同的生活方式和审美情趣。基于纺织生产发展起来的纺织艺术设计和纺织艺术设计教育，在不同的时代和不同的国度中都以各自的方式延续和促进着纺织艺术的发展。

我国是一个有着悠久纺织艺术传统的国家，现代纺织工业也有一百多年的历史，院校纺织教育的历史可上溯到1906年南京两江师范学堂正式开设的图案手工课。早年的私立上海美术专科学校（1912年成立）、北京美术学校（1918年成立）、国立艺术院（1928年成立，1929年改为国立杭州艺术专科学校）、四川省立高级工艺职业学校（1939年成立）都开设有专门的图案课程和纺织印染类课程。陈之佛、庞薰、雷圭元、李有行等一批留法、留日归国的老前辈都为纺织艺术设计教育做出了重要的贡献。20世纪50年代，包括中央美术学院实用美术系、中央工艺美术学院（现清华大学美术学院）、浙江美术学院（现中国美术学院）、鲁迅美术学院、四川美术学院、南京艺术学院等都设置了染织设计专业。早期的纺织艺术设计教育都是建立在以西方美术教学为基础，以图案和写生变化为主导，并结合生产工艺实践的教学模式之上的。这种教学模式丰富并适应了当时纺织艺术设计和工业生产的需要，也为我国培养了早期的纺织艺术设计人才。

20世纪70年代末，由香港传入的"三大构成"理论和教学方式，对包括纺织艺术设计教育在内的设计教育都产生了巨大的影响。抽象的构成语言、色彩语言以及其他的教育理念促使纺织艺术设计教育进入了一个新的历史时期。1981年由浙江美术学院、苏州丝绸工学院（现苏州大学艺术学院）、南京艺术学院发起的"图案教学座谈会"，以及后来更名召开的第二三四次"高校图案教学会议"，对我国纺织艺术设计教育都起到了积极的推动作用，同时也引发了不同学术观点的争鸣。

进入21世纪，我国的纺织行业在产业结构、生产技术、市场空间、人才需求等方面都较以往发生了质的变化，如数码技术给我们带来的不仅是技术手段的变化，更重要的是设计观念、审美观念、流行时尚、信息观念、知识结构的变化。这些变化是挑战，也是发展的新契机。于是，创造一个教学、设计和学术交流的良好平台，编写一套适应现代社会发展和教学需要的设计丛书，就成为我们这群"老染"面对挑战的对策之一。2004年初，当我们将丛书的策划构想和编写计划求教于本丛书的主编——原中央工艺美术学院院长常沙娜教授时，她对本丛书的编撰给予了支持，同时也对丛书的策划和编写提出了一些坦诚的意见，并做了非常具体、详尽的指导。我们约请近十所院校的教授和专家参与本套丛书的策划和编写，我们相信每所院校都有自己的传统文脉和教学理念的创新，而每位教师又会有自己直接体现于教学和科研过程中的独特思考。我们希望不同教学理念、教学方法、科研成果在这里聚集、碰撞，如果每位读者能在这些思考和碰撞中有所得、有所获，那将成为我们这些"老染"最大的欣慰。

在这套丛书的策划和编写过程中，我们也遇到了诸多的困惑。不同学术见解的商榷，新老观念的交叉，甚至是一个学术名词的使用，都倾注了主编、作者、编辑的大量辛勤劳动和责任心的考量。这套丛书的策划和编写还得到了原中国纺织工业协会副会长、中国家纺协会理事长杨东辉先生，原中国流行色协会副会长徐志瑞先生，西南大学出版社总编辑李远毅先生、策划编辑王正端先生，以及丛书编委们的大力支持和多方面的指导，在此一并表示诚挚的谢意！

《现代纺织艺术设计丛书》编委会（执笔龚建培）

前言
PREFACE

纺织品纹样设计是纺织品设计专业的主干课程，也是纺织品艺术设计之重要基础。纵观世界和中国纺织、服装艺术的发展历史，从织物诞生肇始就与纹样设计密切相关。首先，从最简单的平纹织物到斜纹、缎纹的各种组织形式，其纹样既是织物结构的物理呈现，也是最质朴的装饰设计呈现。其次，纺织品纹样设计作为一般织物的表面装饰，其原动力不管是对自然的崇拜、宗教的虔诚、社会等级的标志，还是对纯粹装饰的表达，其纹样的设计都蕴含了各民族对设计功能、符号文化、审美创造的阐释与耐人寻味的叙事。

纺织品纹样与其他装饰纹样一样，不仅题材丰富，表现手法各成体系，还承载了各个民族的时代特征、传承线索和鲜明的文化内涵。而纺织品纹样的自身特点又造就其发展历史的悠久，使用范围的宽泛，制作形式的多样，以及与科技发展、生活方式、时尚流行密不可分的特点。对中西方经典纺织品纹样的认识、鉴赏、解读不仅是学习、掌握纹样设计的必要基础，对现代纺织品纹样的创新设计来说也是必不可少的传承和借鉴途径。

纺织品纹样设计涵盖的内容非常丰富，本书主要分为五个方面：其一，纹样相关的基本概念、历史发展线索、分类特点的介绍，以及相互关系的阐释。如纺织品纹样的概念、纺织品纹样设计的个性特征、审美特征、纺织品纹样的分类；纹样与图案、纹样设计与产业的关系等。其二，纺织品纹样设计的基本知识和方法。主要介绍了纺织品纹样创意设计的元素与方法、纺织品纹样创意设计的编排方法与特点、纺织品纹样的设计程序与表现技法。其三，纺织品纹样设计的特点与制作工艺的关系。纺织品纹样的设计与制作工艺关系密切，不同的制作工艺对纹样的造型、表现方法、编排方法都有相异的要求。本书分别从印染、提花、刺绣、编织四个类别介绍了其纹样设计的特点与方法。其四，纺织品纹样设计的色彩运用与流行趋势。我们都知道色彩对纺织品纹样设计的重要性，色彩无疑是纺织品纹样设计的第一要素。如何运用色彩原理，营造色彩的情调是纹样色彩设计的关键之一。而色彩的流行趋势是影响纹样时尚色彩的重要因素，如何认识流行趋势的不同层次，以及流行趋势与文化、技术、展会的关系，是正确把握和运用流行趋势的重点。其五，实验性和主题性纹样设计方法介绍和解读。以南京艺术学院纺织品设计专业的教学案例为主，对主题性、实验性教学及设计中的要素、关注点及发展趋势等进行了阐述。

本书的撰写立足教学和设计实践的需要，试图较为全面、系统、条理地介绍纺织品纹样设计的理论知识、专业设计实践技能以及设计沟通方式。同时也介绍了国内外的大量优秀设计作品，希望能给读者的设计创新带来启示、灵感和收益。教材的撰写不但需要规范性、逻辑性、实用性，我们也希望有相应的创造性、独特性，因而撰写中难免存在付诸阙如的遗憾、缺憾，恳望得到专家、同仁和读者的指教。

龚建培

目录 CONTENTS

目录 CONTENTS

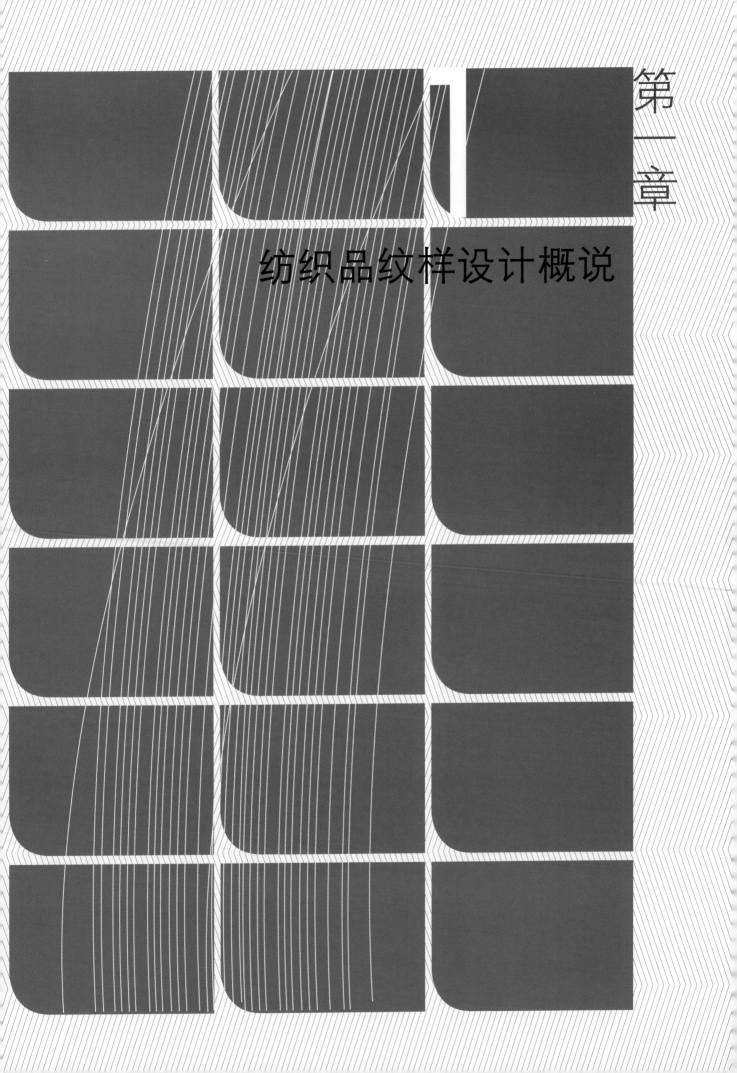

第一章

纺织品纹样设计概说

第一节 纺织品纹样的相关概念

一、纺织品的释义

本书的"纺织品"一词，主要指纺织产品。从产业角度可归纳为服饰、家纺和产业三大类；从生产工艺的角度可分为印染、织造、提花、刺绣、编织等。本书的纺织品纹样设计有别于以工科为主的单纯织物组织设计，更关注的是纺织品纹样的艺术形态设计，即纹样的造型、色彩、编排设计，以及纹样与各种加工方法、消费市场、流行趋势的关系等。

二、纹样的释义

纹样一词，由"纹"与"样"两个词素组合而成，是物体表面纹饰的总称。它一般依附于某种物体、材料、工艺之上，并受形制、材料、工艺等的制约。从现代的角度理解，纹样是人类的形象思维对自然万物、人文事理经过整合后的艺术再现形式之一，主要用于设计物表面的装饰。

"纹"来之于"文"。文最早见于甲骨文 文，本义指"文身"，引申为花纹、纹理，后又引申为文字、文饰、文武、天文。[1]如《释名》：文者，会集众彩，以成锦绣。文章一词上古时专指纺织品与衣物装饰纹样。白居易《缭绫》中有"中有文章又奇绝，地铺白烟花簇雪"。此"文章"亦是指花纹或纹样。而"文"字的本义并没有始终保持下来，而是不断地被引申出其他含义。现代汉语中"水文""天文"的"文"字也是指自然界中某些呈"纹路"状的形象，在这个意义上，后人增加了偏旁"纟"，产生了新的形声字"纹"，"纹"的本意是丝织品上的花纹。

"样"始见于篆文，本义为样子、图样、模样等。同样在白居易《缭绫》中，有"去年中使宣口敕，天上取样人间织"。此句中的"样"指可供模仿或效仿的形象。

关于"纹样"一词的来源与使用起始年代，学者们的观点众说纷纭。如朱家溍先生认为："纹样"一词为日语固有词汇，该词汇出现在中国应该是清末以后，是中国大量翻译日本著述后才开始使用的"新汉字词汇"。[2]但朱冰先生认为：清中叶以前的日本古籍中没有"纹样"一词，"纹"或"文"解释为模样、样式，词条有文绮、文锦、文绣、文织、文缕等。"纹样"或"文样"在清末的日本古籍中才出现。在现代日本纺织史专著中，"文样"和"纹样"的使用有着严格的区别，即："文样"用于书面语，而"纹样"基本作为口语化叙述使用，[3]笔者在查阅资料中曾见昭和39年（1964年）出版的《东西染织文》一书（图1-1-1），其"文"实指纹样，与中国古代"文""纹"的本意相似。综上，笔者认为，"文"字在中、日传统中，皆指织物，特别是丝绸上的装饰纹样。清末以前，汉语和日语中都未见"纹样"一词已无争议；但"纹样"在日语中虽作为口语化叙述而使用，在引进过程中或因"纹样"比"文样"更符合汉语的使用习惯，被当时的译者所采用，而一直沿用至今。但具体史实，还有待专家们进一步考证。

三、纺织品纹样的概念

纺织品纹样，亦称为染织纹样或织物纹样，主要用于纺织织造、印花、刺绣、编织等工艺制作的纹样设计。根据设计对象的不同，大致可以分为单独纹样、适合纹样、二方连续纹样、四方连续纹样、定位设计纹样等。纺织品纹样，其设计受到工艺的限制较多，不同的工艺有着相异的工艺限制与设计特点。与其他艺术形式的纹样设计在设计题材、元素的选择，设计布局与编排以及表达方式上都有着较大区别，是一种较为独立的纹样设计系统或体系。并且纺织品纹样的设计还受到消费者的年龄、性别、社会地位、购买能力和风格要求（运动风格、经典风格、奢华风格、休闲风格）等的限制。

四、纹样与图案的关系

纹样与图案一直以来都是混淆并用的两个概念。上文已述，在中国古代"纹"即指丝织品中的纹样，近代以后"纹样"替代了"模样""花文"等词成为织物、器物上装饰纹饰的总称。而同时代引进的"图案"一词，图案学宗师陈之佛在不同时期做了相似的界定，在1935年《图案的目的与意义》中定义为"制作用于衣食住行上所必要的物品之时，考究一种适应于物品

图1-1-1 日本 江马进著《东西染织文》日本京都书院出版，昭和39年10月（1964年10月）

的形状、模样、色彩，把这个再绘于纸上的就叫图案；"[4]在教材《图案构成法》中说到："建筑家为着一种建筑物所做的设计图，机械技师的机械制图，美术家为着装饰美术所做的图稿，统叫图案。"[5]另《辞海》对图案的界定为："在广义的概念上，图案是指对某种器物的造型结构、色彩、纹饰进行工艺处理而事先设计的施工方案，制成图样，通称图案。有的器物（如某些木器家具等），除了造型结构，别无装饰纹样，亦属图案范畴（或称立体图案）。在狭义的概念上，'图案'是指'器物上的装饰纹样和色彩而言'[6]。从陈之佛先生、《辞海》以及其他专家的界定，以及"图案"一词的来源来看，"图案"作为一个外来语，其引进时概念就比较模糊，在很大程度上等同于"Design"，因而才有图案分为广义和狭义两种解释，它不仅指物体和器物上的装饰纹饰，同时还指器物、建筑、工业产品等的造型结构设计。为避免广义和狭义上"图案"概念的混淆，参照本节"纹样"的释义，加之本书论述的主要是依附于纺织品之上的装饰纹饰，不涉及产品的造型。故而，本书选择"纹样"作为纺织品装饰纹饰的专业名称来使用，同时也顺应了中国传统纺织文化中的称谓习惯。

五、纹样设计与纺织品的关系

纺织品作为与人民生活密切相关的产品，除了一般的实用功能以外，装饰是其重要的功能之一。不管是衣、裙、裤、鞋、袜、帽、包袋等服饰产品，还是窗帘、地毯、墙布、床品、家具布、巾类等家用纺织产品，人们都希望通过纹样装饰的丰富变化来提升产品的使用和审美功能，兼具实用和审美的双重特性，体现不同消费者在精神、文化等方面的个性追求。纹样一般依附于纺织产品的物质载体之上，通过纺织品的结构、材料、工艺来实现其形态与色彩的装饰效果。纹样设计的过程和结果，既是对纺织品种、材料、工艺等的认知，也是对形式美的追求，

又是对市场需求和时尚流行的回应。

纺织品纹样发展历史悠久，纹样表现的题材、内容广泛，纹饰造型也千变万化，同时，纺织品纹样设计受到不同社会文化、技术发展、制作工艺、意识形态等的制约，也体现出迥然相异的风格特征。随着社会、科技、文化的发展以及人们生活水平的提高、生活方式的改变，现代纺织品及纹样设计的观念、技术、方法也发生了很大的变化。如印花纹样设计中，转移印花、数码印花等新技术的出现，不但突破了传统印花中使用套色的限制，设计方法更为自由，数码的表现、传输方式的变化也使设计、生产过程中与产品委托方、消费者的互动交流更为便捷。各种数码设计软件的使用，也使设计师的设计视野、题材选择、设计表达更为开拓，使现代纺织品的纹样设计能更好地服务社会和消费者。

（一）纹样设计与纺织品的工艺制约

纺织品的纹样设计是以工艺基础为前提条件的，以织花和印花为例，前者须经意匠、踏花、装造、机织、后整理等工艺完成；后者离不开画稿、制版、感光、印制、后处理等工艺来实现。纹样设计如果背离了原料、组织、品种的限制以及工艺要求，就无法生产出符合人们需要的成品。纹样设计考虑的是工艺优先，从表面上看可能是制约了设计的表现，即在生产技术允许的前提下进行的创意设计，但是真正的纹样设计师恰恰非常乐意，而且习惯于接受这种制约，因为正是由于这种制约，才使纺织品纹样具有自己特殊的装饰方式和艺术美感。纺织品纹样的美感形成，有四大主要的因素：一是材料肌理；二是织物结构；

三是纹样的形与色；四是风格特征和语义性。这四大因素中前面的三项都包含某种由于工艺制约而产生的秩序和韵律感，如重复连续的纹样或图形，有序地排列和疏密穿插等，纹样设计正是通过这种秩序和韵律感，唤起我们愉悦的美感体验。而风格特征和语义性，则是纹样设计的一个重要环节，因为它们更侧重的是产品的细分定位和个性化的表现（图1-1-2）。

（二）纹样设计与工艺规格的关系

纺织品纹样设计的尺寸、范围，一般表现为单位纹样的长、宽比例，在一些定位设计中则表现为产品本身的长、宽比例。由于生产设备的制约，纹样设计的构成有一定的规格限定，规格通过长宽比例对纹样起框定作用。如许多方巾、手帕、床上用品、挂毯、靠垫都是在框定的尺寸内布局；连续纹样虽无明显的框架，但也有具体连续反复的规律来限定平面空间。匹料印花滚筒的圆周尺寸过去通常采用42厘米、44.5厘米、46厘米等几种规格，纹样的单位尺寸就必须在上述尺寸内选定，需要几个单位循环，以上述尺寸除以循环的个数。传统的手工印花的丝网版型，常用花回为33厘米，纹样的具体设计规格需依据33厘米来确定。提花纹样的尺寸是根据织物门幅，参考织物密度和织造条件来确定的。一般来说，单位门幅确定后，小样的花回尺寸由门幅尺寸除以花回数取得，如门幅为120厘米，取六花，小样画20厘米宽。纵向尺寸与纹版数有关，纵向越长，所需纹板越多，考虑到生产成本，小样的纵向花回尺寸不宜太长。在现代纹样的设计中，纹样的尺寸、范围的设定有时还必须考

03

注释：

[1] 吴锡有. 常用汉字字理（象形·指事·会意卷）[M]. 长春：长春出版社，2012：184

[2] 朱家溍. 故宫退食录（上）[M]. 北京：北京出版社，1999：366

[3] 朱冰. "纹样"一词由来考 [A]. 全国第九届技术史年会论文集《技术发展与文化遗产》[C]. 济南：山东教育出版社，2008:82

[4] 李有光、陈修范. 陈之佛文集 [M]. 南京：江苏美术出版社，1996. 243

[5] 林银雅. 陈之佛图案教学思想研究 [J]. 南京艺术学院学报，2006（02）：176

[6] 辞海编辑部. 辞海 [M]. 上海：上海辞书出版社，1989:2031

图1-1-2

虑具体款式形成后的效果和款式加工中的种种限定等。

（三）纹样设计与材料品种的关系

纺织品纹样设计还应该考虑到织物的材料。如棉布和丝绸的纤维细度和质地不同，纹样的要求也就不同，一般来说，考虑到棉织物花纹无法达到丝织物那样的精细、高贵，所以纹样也相对比较粗犷、艳俗一些。另外，无纺布上的纹样与毛毯上的纹样也是有区别的，化纤织物和混纺毛织物的纹样设计也是有区别的，设计者应该熟悉和掌握这些不同纤维材料的特点和设计规律。另外，同样的材料，由于品种规格和用途的不同，纹样设计也要有所区别。如窗帘布和沙发布的组织结构不同，前者要求有良好的悬垂性，织物结构不宜太紧，而后者必须考虑经久耐磨，所以织物结构相对比较紧密。因而，在纹样设计时，对织物材料品种、特点的充分认识和了解是非常必要的，特别是在进行系列配套设计时，相同或相似纹样对不同织物材料品种、特点的适用性问题（图1-1-3）。

（四）纹样设计与加工条件

纺织品纹样设计还与加工条件密切相关。如在提花织物中，与织物组织、织造条件相联系，如纬三重组织结构的交织锦设计，由于考虑到构成织物表层底部组织的密度紧，纤维是细洁、柔和有光泽的蚕丝，而构成织物表层花部组织的纤维是人造丝，质地效果不如蚕丝纤维美观，所以传统的交织锦纹样设计大都采用多底少花的清底纹样。同样是纬三重交织露出的杂点，底部色彩不纯，所以纹样大多采用满底布局，以掩盖其效果之不足。

纹样设计还要考虑织机条件，除了考虑充分利用旧有织机条件的门幅、纹针数以外，还要考虑织机类型。如同一品种的纹样，在喷水或剑杆织机上与普通梭口提花机上得到的结果也有区别，喷水或剑杆织机打纬紧密，能够生产相当细致的花纹，而同样细致的花纹在普通织机上却往往难以实现（1-1-4）。

在纹织物中，纹样的色彩既代表纹样的形象，又表示织物的组织，有几种颜色就代表有几个组织，组织不

图1-1-2　面料美感的四大因素——材料肌理、织物结构、纹样的形与色、风格特征和语义性
图1-1-3　系列产品的设计及配套
图1-1-4　克什米尔披肩纹样设计意匠图
图1-1-5　织物组织与肌理

图1-1-3

图1-1-4

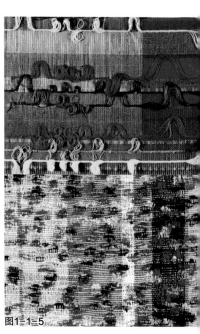

图1-1-5

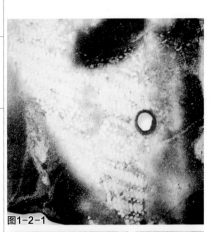

图1-2-1

图1-2-2 图1-2-3

图1-1-6

图1-1-6 丝绸印花中覆色形成的少套色多色彩的效果

图1-2-1 商代 雷纹条花绮印痕玉戈

图1-2-2 战国 深棕色龙凤神兽纹绦

图1-2-3 战国 深棕色田猎纹绦

同说明经纬线的交织方法不同。而且在通常情况下，小样上色彩明亮的色往往是代表织物交织点少的组织，如缎纹或纬浮花。相反，色彩较暗的可能就是代表交织点多的平纹组织。纹织物配色，应先了解色彩与纤维原料、组织特点的关系，如同样的红、黑经纬丝交织，组织不同，色彩效果也不同。织花纹样设计中，预先考虑织后效果是十分重要的（图1-1-5）。

在印花纹样设计中，其纹样、色彩设计与印花工艺亦密切相关。如丝网印花的分色套版规定了纹样色彩的分色必须清晰，不能采用色彩渗化晕染技法。印花印制过程中产生的覆色原本是无法避免的瑕疵，但通过配色中运用同类色或其他巧妙的色彩处理，覆色则反过来形成少套色多色彩的效果（图1-1-6）。织物在印花前必须先经预处理，使之具有良好的润湿性与渗透性。印花中还可以在同一织物上采用不同类型染料印花工艺取得特殊效果。织物的色彩还受到热定型工艺的影响，如涤纶在以水为介质染色时，染色的饱和值随定型度上升而下降，至180度左为右最低点而后重新上升等。

第二节 纺织品纹样的历史与发展

一、中国纺织品纹样的历史与发展

在我国的历史发展进程中，各种纺织品纹样与人们的社会生活息息相关，一直伴随社会文明的演进而发展。中国古代纺织品纹样以多种织物为载体，其装饰题材、表现形式多种多样，动物、植物、几何、吉祥寓意、人物、自然景观、器物、文字符号等纹样，使织绣印等艺术独具特色。近代以后中西融合成为纺织品纹样发展主要特征之一，随着时代的变迁和社会风尚的改变，纺织品纹样的风格亦在融合中嬗变，中国现代的纺织品纹样设计亦已开创出具有中国特色，兼具国际前沿与流行的新局面。

（一）商及西周时期的纺织品纹样

商代以前具有装饰纹样的纺织品至今尚未发现，但从出土文物上的丝绢印痕和古代文献记载来看，商代丝织品中已经有回纹、雷纹、矩纹等几何纹样。回纹，色调以赤、黄、青、黑、白等五色相互搭配为主，古朴单纯。如从北京故宫博物院保存的商代玉戈上残留的雷纹、绮纹样看，其组织采用45度斜向条花状连续排列，雷纹上下之间用三条直线加以间隔，构成了富于节奏变化连续反复的二方连续纹样（图1-2-1）。

（二）春秋战国时期的纺织品纹样

春秋战国时期的纺织品纹样，出现了大量富于变化的几何形纹样及几何变化填充纹样。这些组合的几何纹样是从雷纹、菱纹以及商周二方连续矩纹的基础上发展而来的，经过组织变化出现不少新的纹样形式（图1-2-2）。战国刺绣纹样，布局宏伟、严整而富有变化。花草藤蔓按纹样框架生长，既起骨格作用，又富有装饰的条理美。而在主题性动物纹样中，这些动物或与花草藤蔓、人物等连接成共生体，或由各种动物相互蟠叠成组合体，也有写实形与变体形互相组合，将纹样的变化统一规律运用得天衣无缝（图1-2-3）。

（三）秦汉时期的纺织品纹样

秦汉时期纺织品纹样中云气纹和动物纹最为流行，这一时期的纺织品纹样是以汉文化为主体来表现其特征。当时的帝王信奉道家的神仙思想，热衷于求仙升天，这些理念直接影响到纺织品纹样的形成与发展，如卷云纹、长云纹，奔腾于云山间的各种神禽异兽，以及穿插吉祥祈祷的各种铭文等。几何纹在延续先秦造型基础上更为简练，开始出现与自然形态相结合的形式。丝绸之路的开通，使得一些异域动物题材和造型的纹样传入，融合成为中原这一时期动物纹样的主要样式。动物纹样包括龙、凤、孔雀、鸽、虎、鹿、熊等,造型多为侧面,形象生动优美(图1-2-4)。在汉代织锦中,云气动物纹锦是最有特色的一种纹样。汉式织锦中不少都插有铭文,这些文字反映了当时的社会思想和人们的信仰理念,从铭文字意来看,主要有"延年益寿

图1-2-4

图1-2-5

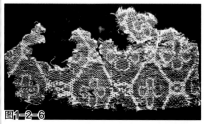

图1-2-6

图1-2-7　　　图1-2-8

图1-2-4　东汉　红底"延年益寿"锦
图1-2-5　东汉　"延年益寿大宜子孙"锦
图1-2-6　东汉　宝蓝色底龟甲填四瓣花纹毛织品
图1-2-7　南北朝　彩织树纹锦
图1-2-8　南北朝　深青底动物几何纹锦

大宜子孙""韩仁绣文衣右子孙无极"等吉祥语(图1-2-5)。汉式织锦特别是云气动物纹锦,在色彩的配置上同样蕴含着当时人们的某种思想理念。秦汉织绣纹样除了众多的动物题材外,也有一些植物类题材,偶尔还可以见到一些形状与器具十分接近的纹样。植物纹中最常见的为茱萸纹,呈如意形叶状,尖端分叉,是汉代丝织和刺绣上应用最多的一种植物纹,造型优美,富于装饰性。马王堆出土的汉代刺绣有云纹绣、茱萸纹绣、长寿绣、棋格绣、乘云绣和信期绣等。其中信期绣针法细巧、十分精美;乘云绣在飘动的卷云中点缀神兽,色彩对比很强;长寿绣用茱萸纹组成装饰性很强的优美纹样,虚实相间,线条流畅。秦汉时期,几何纹在织绣装饰中仍然占有很大比例,其样式在继承先秦时期几何纹的基础上又有所发展,主要有散点几何纹、菱纹、波状纹等几类(图1-2-6)。

(四)魏晋南北朝时期的纺织品纹样

魏晋南北朝时期织机的改进和绞缬、蜡缬、夹缬这三种染缬方法的出现,使得纺织品纹样的形式变得更为多彩。由于外来文化的影响及中外宗教长期并存,纺织品纹样上形成两种主要倾向:其一,即汉代纹样的继承与发展、外来纹样的传入与吸收。南北朝时期彩塑和壁画人物服饰纹样有茶纹、斜方格纹、方胜平棋格子纹等,这些纹样多为汉代绫锦的纹样格式。其二,是充满异域风格和佛教意味的纹样增多。受西域文化影响,织绣中的植物纹样开始增多,葡萄纹、忍冬纹、莲花纹、生命树在纺织品纹样中经常可见(图1-2-7)。特别是北朝后期逐渐增多的联珠动物纹样,成为隋唐前期中国织绣中最重要的装饰题材。新疆民丰出土的树下对鸟对羊纹锦,由多种动植物纹样横向组合排列。主体花纹为装饰性塔形树纹,树下为对称羊纹,树上是嘴衔忍冬叶的双鸟纹,色彩明亮而高雅,纹样具有波斯萨珊王朝纹样的风格。魏晋时期的忍冬纹样的造型采用植物自然生长姿态的外形特征,将其作平面化和规则化的写

生变化处理。魏晋南北朝时期的纺织品纹样题材,以动物类最为丰富,有龙、凤、双角兽、麒麟、人面翼兽、羽人、鹿、孔雀、骆驼、狮、象、马、翼马、牛、鸟;有忍冬、小团花、树叶、莲花、花瓣等植物纹样;有棋格、菱格、条、波折、圆珠等几何纹样,以及"胡王""贵"等文字(图1-2-8)。魏晋南北朝时期的纹样题材从早期的动物纹样转向动物和植物纹样并重,动物纹样则从兽类转向以飞禽类纹样为主。

(五)隋唐五代的纺织品纹样

隋唐五代纺织品纹样题材丰富之极,动物类如练雀、鸳鸯、孔雀、鸾鸟、鸭、凤、仙鹤、鹧鸪、鹦鹉、蜂、蝶、鹅、雁、羊、牛、翼马、狮、鹿、野猪、大角野山羊、豹、熊等;植物类如莲、菊、牡丹、葡萄、石榴、忍冬、卷草、宝相花、变相宝相花、花树、各式小团花;几何类如条、格、菱格、棋局、规矩、龟甲、波折、人字、圆珠、双胜等。除此三大类之外,还有各种题材相互组合的纹样,如花树对鸟、花树对兽、鸟衔璎珞、鸟衔瑞草、人物与动物组合的狩猎纹,以及各类文字等,品类繁多,应有尽有。其中宝相花、卷草纹、葡萄纹、禽鸟纹、狩猎纹是其代表性纹样。最具特色的纹样有联珠团窠纹、陵阳公样、团窠宝相花、海兽葡萄纹、鸟衔绶带纹、鸟踏花枝纹等(图1-2-9)。

联珠团窠纹,兴起于魏晋南北朝时期,隋至唐初,联珠内的主题纹样受到波斯萨珊纹的影响,出现了翼马、猪头、狩猎、鹿、羊等动物题材。此后唐人对其进行吸收创新,代之而起的是唐人普遍喜爱的龙、凤、小团花等题材(图1-2-10)。

陵阳公样,由被封为陵阳公的窦师伦所创,他所设计的瑞锦、宫绫花纹,常以鸡、羊、麟、凤等为题材,组成对称形式,后人常称之为"陵阳公样"。其特征是一种花环团窠中装饰有动物的纹样,团窠内的动物既有成对形式,也不乏单独存在的情况。

宝相花,宝相花又称宝仙花、宝莲花,盛行于隋唐时期。是从自然形象中概括了花瓣、花苞、叶片等素材,

图1-2-9

图1-2-10

按照放射对称的规律重新经过艺术加工组合而成的纹样，其造型也经历了由简到繁的变化。早期的宝相花呈瓣式结构，形式并不复杂，最简单的宝相花仅有四瓣，而后逐渐丰满，层次丰富，原本的瓣式结构被代之以多层小型花朵、花苞和叶子的结合体，乃至有较写实的全朵花连接环绕成的花团锦簇的形式。至晚唐五代，流行折枝、缠枝与动物纹相结合构成的团窠宝相花。

折枝花鸟纹，在晚唐时期已成为官服上的装饰纹样，在宝相花的基础上演变而来。折枝花鸟通常以宝相花为中心，四周穿插环绕各种蝶鸟，进而宝相花的图案逐渐分散开来，形态向写实化发展，直至完全被拆散，变化成为小簇花或小折枝，与蝶鸟组合形成单独或散点式纹样。这一时期也出现了穿枝式花鸟纹，具有更明显的写生图式意味（图1-2-11）。

图1-2-9 唐 棕色底葡萄藤花、凤凰纹纬锦
图1-2-10 唐 黄色底连珠鹿纹锦
图1-2-11 唐 白底花鸟纹夹缬绝
图1-2-12 北宋 黄褐色童子攀花纹暗花绫
图1-2-13 北宋 紫色底鸾鹊谱缂丝

（六）宋辽时期的纺织品纹样

宋代统治者十分重视丝织品的生产，促使宋代织绣向欣赏性和实用性两个方面进一步分化发展。欣赏性织绣纹样力求逼真再现书画原貌，实用性纺织品纹样则淳朴生动，有着鲜明的民间特色与高度的装饰性。宋代纺织品纹样中，植物花卉类题材兴起，随处可见百花争艳、芳草缤纷的景象。锁纹是一种几何纹，是装裱用宋锦的代表纹样。反映北方游牧民族狩猎活动的"春水秋山"，则是辽、西夏、金时期织绣中常用纹样。除题材外，宋代纺织品纹样的构成形式在承袭唐代遗留下来的连续式、散点式、团花式纹样程式外，大量折枝花式、穿枝花式、缠枝花式纹样的出现，体现出一种活泼清新的时代新风。宋代所涉及的花卉题材有牡丹、芙蓉、山茶、月季、海棠、竹、梅花、萱草、荔枝等，此外还有人们喜爱的花鸟草虫、飞禽走兽，穿枝花一般以丰硕的牡丹、芙蓉为主体，有的配以梅花、海棠等较小的花蕾，形成花中有花、叶内添花的奇特效果（图1-2-12）。宋代花鸟纹样写实生动，清淡柔和，这与当时重文尚雅的士大夫生活品位和格调高

07

雅的花鸟画的兴起有着极为密切的关系，许多缂丝和刺绣都以花鸟画为稿本（图1-2-13）。

宋代几何纹在这一时期大量出现并被重用，其造型严谨、庄重丰富，主要有龟贝、方棋、八答晕、六答晕、球路、宝照、方胜、柿蒂、四合、象眼、盘条、间道、锁子、樗蒲、宝界等。花卉纹有葵花、桃花、茶花、梨花、芙蓉、蔷薇、菊花、月季、海棠、马兰、芍药及如意牡丹、宜男百花、樱桃、万寿藤、雪花纹等。花卉鸟兽组合纹有百花龙纹、翠鸟狮子、水藻

图1-2-11

图1-2-13

图1-2-12

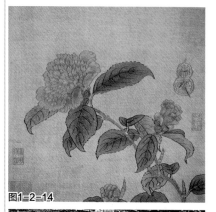

图1-2-14

图1-2-15

图1-2-16

图1-2-14 北宋 缂丝木槿花卉图册
图1-2-15 辽 褐色底云水龙纹缂金织物
图1-2-16 金 绿地忍冬祥云夔龙纹锦

戏鱼、真红六金鱼、碧鸾、练鹊、绶带鸟、方胜盘象、灵鹫双羊、孔雀百花、真红天马、真红穿花凤、瑞草云鹤、双窠云雁、鸭戏荷塘等。人物纹有八仙、童子、九老及佛像等。纹样的配色具有清淡柔和、典雅庄重的艺术特色（图1-2-14）。

辽金时期的纺织品纹样可分为三类：一类是沿用唐代的纺织品纹样，如宝相花纹、陵阳公样、联珠纹的吸收，以及带有明显辽金北方民族特点的纹样，如浑搭子和散搭子，其题材多取自于自然界，如反映围猎场景的"春水秋山"纹。二类是莲塘小景，雁鹅莲花，还有水草等，这类纹样一直沿用到元代。三类是花树山石小景，自然之风，尽现其中。西夏织物纹样题材主要分为四种：植物纹、动物纹、婴戏纹、几何纹。植物纹造型有团花、串枝花、折枝花等；动物纹有禽戏纹、龙凤纹等（图1-2-15、1-2-16）。

（七）元代的纺织品纹样

元代纺织品纹样纷繁复杂，虽然具有较深的西域文化及蒙古族文化的印痕，但总体上仍是两宋传统的继承和发展。元代织绣纹样形成了南北不同风貌，北方织金锦等纺织品纹样体现了蒙古族的尚好和较明显的西域艺术影响，而淮河以南地区的纺织品纹样却大抵延续宋风。元代的很多纺织品纹样都对明清产生了重要影响，如帝王专用的双角五爪龙、八宝、吉祥纹样等。元代织物纹样，在题材、结构上基本继承了宋、金形式，只是相对于宋代的疏朗俊逸，而元代显得更加满密繁复，从纹样结构上，缠枝、折枝、团花运用普遍。缠枝、折枝时常与动物纹组合，构成动物穿花的形式，如龙穿花、凤穿花等。元代花草纹在形式上还出现了一些新特征，如模式化的侧面花头和缠枝花中的卷须枝蔓的流行（图1-2-17）。据《辍耕录》记载，元代织锦的花纹名目有：方胜鸾鹊、紫鸾鹊、紫白花龙、紫龟纹、紫珠焰、紫曲水、红霞云鸾、紫滴珠龙团、团白花、方胜盘象、球路、柿红龟背、樗蒲、宜男、宝照、龟莲、天下乐、练鹊、绶带、瑞草、八达晕、

翠色狮子、盘球、水藻戏鱼、红地芙蓉、七宝金龙、白蛇龟纹、黄地碧牡丹方胜等。绫的花色也很丰富，有云鸾、樗蒲、盘绦、水波纹、重莲、双雁、方棋、龟子、枣花叠胜、白鹭等（图1-2-18）。元代动物纹样风格上可分两类，一类是中原传统风格，通常展现的是具有吉祥寓意和绘画意境的装饰形式，这类纹样承唐宋一脉。另一类，造型神秘庄重，具有神圣的象征意义，形式上具有鲜明的西方动物纹风格（图1-2-19）。

（八）明代的纺织品纹样

明代纺织品纹样基本承袭宋元，形式更加丰富。从纹样题材看，植物纹样增多。明代动物纹样多是以与植物纹样组合构成吉祥寓意，或作为服饰礼制中彰显等级的标志性纹样出现。宋元未曾出现或少见的器物纹、自然景观纹等亦成为明代流行纹样。明代与礼制相关的纺织品纹样，在题材、形式上逐步规范。明代官员常服的纺织品纹样，按照品级的高低进行标识，文官一品仙鹤，二品锦鸡，三品孔雀，四品云雁，五品白鹇，六品鹭鸶，七品鸂鶒，八品黄鹂，九品鹌鹑。杂职练鹊，风宪官獬豸。武官一品、二品狮子，三品、四品虎豹，五品熊罴，六品、七品彪，八品犀牛，九品海马。人物纹样在明代纺织品纹样上经常出现，主要为仕女和童子，其中又以童子为多。明代的吉祥纹样，承袭宋元并有发展，题材十分广泛，举凡纹样必有吉祥含意，即图必有意，意必吉祥（图1-2-20）。几何纹样在明代主要作为结构性骨架或底纹与其他纹样配合使用，也有一些纯粹的几何纹。按照结构样式的不同，可以分为连续满底小几何纹和以几何纹为主要骨架内填各种纹样的大几何纹两种类型（图1-2-21）。小几何纹如菱格纹、方棋纹、龟背纹等，最典型的代表应属曲水纹，俗称"配字不到头"。小几何纹常常作为底纹，与其上叠加的主体花纹构成重叠式纹样组织，主要有"锦上添花"和"锦地开光"两种形式。大几何纹包括八答晕、六答晕、四答晕等纹样（图1-2-22）。植物纹样主要有莲花、牡丹、

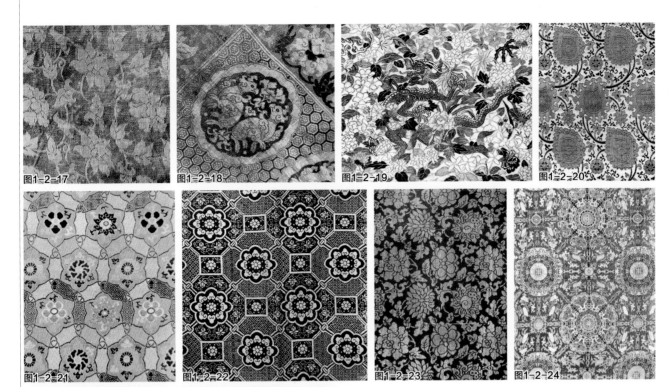

图1-2-17 图1-2-18 图1-2-19 图1-2-20

图1-2-21 图1-2-22 图1-2-23 图1-2-24

图1-2-25

图1-2-17 元 棕底缠枝芙蓉花绫
图1-2-18 元 茶底龟背底龟头兽身团花织锦
图1-2-19 元 白底百花夔龙纹缂丝
图1-2-20 明 白底加金胡桃纹双层锦
图1-2-21 明 橙色底盘条四季花开宋式锦
图1-2-22 明 紫底盘条花卉纹锦
图1-2-23 明 青底折枝菊莲牡丹桃花织金缎
图1-2-24 清 红底夔龙凤天华锦
图1-2-25 清 黄底折枝玫瑰花云锦

富和纯熟，全国设有许多官营织造局，民营作坊各地皆有，形成了如南京、杭州、苏州、广州、佛山的丝织业和松江、福州的棉纺织业。纺织品纹样大多以写实为主，在构图布局、造型设计、润色方法等形式上都继承和吸收了明代纺织品纹样的精髓，但在纹样造型的纤细、色彩的淡雅和退晕色距紧凑等方面，较明代纺织品纹样的粗放风格显得更细腻秀丽（图1-2-24）。纹样题材以反映中国传统儒家文化和思想的吉祥纹样为主，也出现了受欧洲纺织品纹样影响，追求写实风格和阴影变化的纹样（图1-2-25）。民间纺织品纹样，纹样色彩散发着民俗气息，纹样造型琳琅满目。纹样题材集历代织绣之大成：如万字不断头、四季纯红、顺风得云、百子图、海棠金玉、子孙福寿、六合同春、瓜瓞绵绵、金钱博古、巧云鹤等。 宗教纺织品纹样，纹样带有佛教和道教色彩，含有浓郁的吉祥寓意。这类纹样以仙道宝物组成，一般以八宝为多，其他还有杂宝、暗八仙、陀罗经、莲台上宝、极乐世界图、各种佛像等（图1-2-26）。清代的纹样题材中，植物纹样有莲花、宝相花、百合、牡丹、芙蓉、山茶花、石竹、月季、红枫、桂花、桃花、天竹、松、梅、灵芝、蕉叶、瓜、葫芦、葡萄、绣球、石榴、柿子、枣、佛手、桂圆、桔、花生、芦苇、梧桐、万年青、柏树、艾叶、迎春、忍冬等；动物纹样有十二生肖、仙鹤、鸳鸯、雉雁、鹌鹑、白头翁、孔雀、锦鸡、象、虎、鹿、狮、鱼、龟、金鱼、蟾蜍、蛙、蛇、蜂、蝶、蜻蜓、蝈蝈、五毒等（图

山茶花、蔷薇花、月季、灵芝、竹子、枇杷、石榴、仙桃、荔枝、樱桃、葡萄、瓜果、松、梅花、宝相花、西番莲、蜀葵、芙蓉、水仙、玉兰、绣球、兰花、桂花、海棠、杏花、四季花等纹样（图1-2-23）。

（九）清代的纺织品纹样
　清代纺织品的品种、技术更加丰

图1-2-26

图1-2-27

1-2-27）；神异纹有龙、夔、龙生九子、凤凰等；器物纹样有八吉祥、琴棋书画、花篮、笛、磬、戟、笏、剑、扇、古钱、太极、八宝等；天象纹样有日、月、星、云、石、山等；文字纹样有吉羊、万、寿、福、喜、长春、天下太平、天、如意等。这一时期吉祥纹样流行，主要有五福、福如东海、天官赐福、寿桃、蟠桃祝寿、麻姑献寿、杞菊延年、双喜、四喜、喜相逢、庆丰收、五谷丰登、刘海戏金蟾、摇钱树、聚宝盆、元宝、马上平安、竹报平安、三阳开泰、和合二仙、独占鳌头、鲤鱼跳龙门、青云直上、瓜瓞绵绵、萱草、百子图、麒麟送子等。

（十）近现代的纺织品纹样

进入近代以后，中国纺织品纹样设计受到西方文化影响的程度加剧，中国近代纺织品纹样设计体系在此期间也初步建立起来，并培养了第一批纺织品纹样设计的专门人才，给

我们留下了较为丰富、多元的设计遗产。近代社会习俗的裂变和消费模式的盲从与快速转型，以及"美风欧雨"的浸染与时尚观念的困惑、杂乱等，使近代纹样设计形成了在传统纹样基础上的大众化、重商化、创新化叠加的纹样设计体系。近代盛销一时的带有浓厚日本文化意味的"东洋花布"，就成为很多消费者的首选，并影响了中国纺织品纹样的设计。张道一先生在论及中国近代印染史时说道："这时期（即近代），我国市场上充斥着英国、日本和美国的印花布。在纹样上，日本的'荞花''条花'，和一种不三不四的'火腿花'（佩兹利纹样），曾经很长时间影响着我国印染的花纹设计。"[1] 在西方经典纹样中，运用较多的有以花叶为题材的西方簇叶纹样；被视为爱情象征的玫瑰纹样；以折枝花卉组合、或加上飘扬的缎带或与缎

带结成蝴蝶结组合而形成束花花卉纹样；起源于英国伦敦的自由花卉纹样；发祥于克什米尔地区，源于对印度生命之树信仰的佩兹利纹样；有着简练的笔触、恣意挥洒色块、粗犷豪放的干笔，以及流畅飘逸勾勒的杜飞纹样；追求"动势起伏"的巴洛克纹样；以及流畅的有机形态、自然的灵动意境、优美的结构和多愁善感情调的新艺术风格纹样；体现了丰满多元的机械美学与爵士时代的摩登美学的装饰艺术纹样（也被称为迪考艺术纹样）；源于其传统的"友禅染"的日本和式纹样；以及西方盛行的条格和几何纹样（图1-2-28至图1-2-30）。

在纹样的设计风格上也形成了从"一元"走向"多元"的时期，并呈现出既丰富多样、"中西杂陈"，但又肤浅粗糙的时代特征。新中国成立以后，为了换取国家建设所需的外汇，出口丝绸提花和印花纹样的设计得到了迅速的发展。在近代纹样发展的基础上，除了基于传统的挖掘、继承与再创造，结合西方消费者的需求也赋予丝绸设计清新的时代气息。在纹样设计上除了各种写实、装饰的花卉外，几何纹样、抽象纹样也占有很大的比例。在"文革"期间，纹样设计中也出现了很多与意识形态密切相关的纹样，如红宝书、水坝、拖拉机、麦穗、镰刀等（图1-2-31、1-2-32）。改革开放以后，印花纹样的设计逐渐走向更为开放的局面，也更为国际化和

图1-2-26　清　彩织极乐世界图（局部）
图1-2-27　清　缂丝锦鸡牡丹图
图1-2-28　笔触简练恣意豪放的杜飞纹样
图1-2-29　充满机械美学意味的装饰艺术纹样
图1-2-30　近代和式纹样

注释：
[1] 张道一. 中国印染史略 [M]. 南京：江苏出版社，1987：16

图1-2-28

图1-2-29

图1-2-30

图1-2-31　织锦缎 "红宝书" 杭州胜利丝织厂，1968年
图1-2-32　织锦缎 "工农业成就" 杭州胜利丝织厂，1970年

时尚化，纺织技术的发展也使纹样设计的题材、表现方法变得更为自由和个性化。

二、国外纺织品纹样的历史与发展

国外纺织品纹样发展与我国一样有着悠久的历史，并且国家、民族众多各具特色。此外，目前国际上流行的很多纹样风格和形式都源于西方纹样的传统。而进入近代以后受各种艺术潮流影响下形成的纹样风格也占据现代纹样的主流。

（一）印加纺织品纹样

在前印加古典时期，产生过很多优秀的纺织品纹样，它们所采用的原料主要是各种骆驼毛和棉花，采用了织锦、描染、刺绣、编织、花边、绞染等工艺。由于当时尚无文字，各种纹样起到了传达宗教或巫术信息的作用。印加人相信死后还能复生，有些动物可以将死者的灵魂带往天堂，被奉为神灵动物。印加人把织物看作传达信仰的有效媒介，将动物作为视觉语言表现在织物上，印加纺织品纹样的特征可概括为五个方面：第一个特征是动物纹样多，他们崇拜的动物有神鹰、秃、猎豹、美洲狮、美洲虎、猿、岩蟹、蜂鸟、海鸥、林鹃、鹦鹉以及双头蛇等。为把动物变化成纹样，他们创造了许多动物的整体和局部形象，如眼、牙、爪、口、尾巴、舌头以及和人体合并，成为怪物神、怪兽神、怪猫神等奇特神秘的古怪形象；第二个特征，正如传说中印加人是外星人那样，印加织物纹样中有类似穿着宇宙服，像是从天而降的不可思议的宇宙人的形象；第三个特征是多几何纹样。如前所述，印加人还没有文字，几何纹样反映一种巫术性，表达他们的神灵和信仰。几何形纹样有三角形、锯齿纹、阶梯纹、万字纹、雷纹、四角纹、格子、钥匙纹、十字纹、连环纹等。印加人认为这些几何图形象征再生、复活和循环，所以在织物和刺绣上经常采用这种题材。即使是动物纹样也是巧妙地变化为几何图形；第四个特征是缺少植物纹样。在西班牙征服之前的前印加织物中，完全没有植物纹样。到印加后期，其纺织织物才出现了花朵、蔓草等纹样，说明印加人居住在高山、沙漠的自然环境中很少与植物接触；第五个特征是多黑白纹样。印加人将黑白正反格子，看成是大自然的转换，是昼与夜的交替，用单色构成黑白相反的纹样，是前印加织物纹样的一大特色（图1-2-33至图1-2-36）。

（二）埃及、希腊、罗马纺织品纹样

埃及、希腊与罗马这三个最具代表性的地中海古代文明国家，具有文化一脉相承的关系，特别在文化艺术方面。

在公元前3000年以前的古代埃及，织锦技术就已经十分普及了，但保留至今的实物资料中，织有纹样的纺织品，是公元前1420年左右出土的三块麻布。这些用麻纤维织造的织锦中，织有莲花和纸莎草花纹，其间绘着阿曼泰普二世的肖像。在另一件织物上，织有涡卷装饰纹，其中也织有图特摩西三世的肖像。在公元前3世纪希腊人的墓葬中，发现过运用织锦技术织造的织物。其中一幅织有鸭群列队游泳的纹样，淡红色的鸭群带有微妙的阴影，具有绘画三维空间效果。这种带阴影的织造工艺，是叙利亚人擅长的技术。在罗马帝国领属时期埃及·安蒂诺艾地方，出土过织锦布料。有一幅表现游鱼的巨幅织物，绿底色上织有十分写实的各种鱼形，不仅鱼身用油画笔触表现得真实可信，连鱼的阴影也表现得惟妙惟肖（图1-2-37）。

历史学家把埃及初期基督教美术和装饰美术称为 "柯普特样式"，埃及的基督教徒统称为 "柯普特人"。

图1-2-33

图1-2-34

图1-2-35

图1-2-36

图1-2-37

柯普特人从4世纪开始形成自己独特的织物样式，并且也脱离了希腊、罗马的影响，形成东方基督教色彩的织物样式。柯普特纹样按发展时间，可分为7种类型的纹样特征：1.公元4—5世纪初期以希腊几何纹和编带纹为主，葡萄串、葡萄叶、葡萄蔓藤是重要的装饰元素；2.公元4世纪中期到5世纪，以希腊神话和人物为主，包括希腊诗人荷马叙事诗中的奥德赛和伊利亚斯以及其他人物等，色彩为深褐色；3.公元5世纪前后，以英雄亚历山大大帝为主，包括希腊神话中的英雄，例如，海格立斯、阿基列斯和奥德修斯、英雄亚历山大大帝东方远征等英雄业绩。色彩为明亮的红、黄、绿；4.公元5世纪中期到6世纪中期，以罗马神话为题材，出现欢乐田园风格的纹样，如"罗马的黑人""抚琴妇女""伊朗人头纹样""生命树与花瓶""挤奶男子""莨苕叶与小鸟""列柱门与人物""尼罗河风光""热闹的舞蹈节"等；5.公元5世纪中期到6世纪中期，以罗马生活为题材，用华丽色彩表现罗马的高官享乐；6.公元6世纪中期到7世纪后期，以圣经和基督教内容为主题，鲜艳丰富的色彩表现天使、受胎告知、报喜天使加百列及米迦勒、东方三博士的礼拜、基督圣餐等内容；7.公元7世纪中期到8世纪以后，受伊斯兰美术影响，重新出现单纯几何纹样（图1-2-38至1-2-41）。

（三）拜占庭纺织品纹样

历史上的拜占庭帝国，首府在拜占庭，即现在土耳其的伊斯坦布尔。拜占庭艺术，是多种艺术样式的综合体，包括波斯萨珊王朝、希腊样式、罗马样式、叙利亚、埃及、闪米特人（西亚、北非等）的启蒙主义和基督教美术等多种艺术样式的综合。当然，拜占庭艺术的本质是基督教艺术，是宗教艺术。拜占庭纺织品纹样的特征可概括为四个方面：1.构图左右对称，拜占庭织物纹样的构图，基本沿袭波斯萨珊王朝织物纹样的构图，多是圆环形（连珠纹）中间配置生命树，其左右两侧也对称地配以其他纹样这一形式，只是纹样的题材从波斯题材逐渐变为东方题材或基督故事，怪兽形象。取材于圣经的有大力士参孙和狮子、受胎告知等；东方风格的有生命树狮子狩猎纹、左右相对的双狮纹、生命树骑马勇士、骑士与狮子等；怪兽纹样有半狮半鹫、鹰身女妖等怪异形象。2.从连珠纹到编带纹，连珠纹也是拜占庭织物纹样特色之一。后来，圆环连珠纹变成了拜占庭式的编带纹、几何纹、桃心纹或动物纹。拜占庭有"忌讳空间"的审美意识，十分重视纹样空间的处理。所以在两个圆环之间的空间里，配置样式化的花纹和小纹样纹，这也是拜占庭织物纹样特色之一。3.神兽和动物纹，拜占庭最古老的织物上描绘有足踏雄牛的半狮半鹫纹样。在出土的丝绸中，可以看到许多神兽纹样，说明拜占庭人的心目中一直喜爱圣兽形象。半狮半鹫神兽是鹫头、双翼、狮身，古代波斯将其作为守门神。辟邪的狮身加上猛禽鹫头和双翼，显示守护神的权威，是想象和臆造的形象。受波斯影响，到6世纪末，圆滑流畅的波斯纹样逐渐减少，增加了有棱角的几何纹样，显现出拜占庭纹样特色。4.填补空间，拜占庭纺织品纹样的另一特征是"空间填补"。布底上毫无空余

图1-2-33　各种动物元素组合的印加纹样
图1-2-34　类似外星人的印加织物纹样
图1-2-35　以几何形构成的怪兽神
图1-2-36　印加　狮子神纹样刺绣　公元前200年
图1-2-37　古埃及　鱼纹壁挂　3世纪

图1-2-38　　　　　　　　图1-2-39　　　　　　　图1-2-40

地填满纹样，表现了西方人的空间意识。东西方具有不同的空间意识：东方人认为，"间"表示空间开阔，是东方的审美意识；而西方人认为，开阔空间会产生"空间恐怖"，对"空间"感到不安。特别是基督教的神秘主义和绝对主义观念认为，填补空间是构成美的重要因素（图1-2-42至图1-2-44）。

（四）伊斯兰纺织品纹样

伊斯兰帝国的文化和艺术一方面保存着伊斯兰原来固有的美的形态，同时也产生了"埃及式的伊斯兰""西班牙式的伊斯兰""摩洛哥式的伊斯兰"等各种形态的艺术样式。当然，纺织文化也和其他文化一样，既有伊斯兰原有的纹样、色彩，也有与被征服国家传统织物融为一体的东西，并以其独自的形态发展下去。

其一，为原有伊斯兰织物纹样，

其特征如下：1.织物纹样中织入古兰经经文或祝福词语；2.织物纹样中没有动物形象；3.织物纹样特有的八角形、六角形几何图形和编带纹。

其二，西西里纺织品纹样。诺曼底时代西西里丝绸融合了伊斯兰题材和拜占庭题材。西西里伊斯兰织物，大致分为三个时期。第一个时期的特征是拜占庭和阿拉伯的混合型。例如，在拜占庭式奖章纹样和阿拉伯式菱形、三角形、方形中配以水禽、动物；西西里织物纹样，一般是中央有生命树，两侧配以动物、水禽形象。第二个时期，其韵味和完美的空间构成，体现出西西里丝织物的伊斯兰特征。纹样构成的典型样式是在菱形、八角形、龟甲形的外框中置有棕榈和椰子树，两侧对称地配以鹭、天鹅、鸭、狮子、鹿等动物。这时期还流行横条纹样，分别以棕榈和椰子树构成宝相花式的形

图1-2-41

图1-2-38　古埃及　葡萄编带纹肩挂　4-5世纪
图1-2-39　柯普特　肩挂《挤奶男子》　4世纪后期
图1-2-40　古埃及　肩挂　5世纪
图1-2-41　柯普特　壁挂《巴克斯和狂读女》　7世纪
图1-2-42　拜占庭　双骑狮子狩猎纹纬锦　8世纪
图1-2-43　拜占庭　花束和四叶草丝绸　8-9世纪
图1-2-44　拜占庭　丝绸《怪兽和贝卡萨斯》　11世纪

图1-2-42　　　　　　　　图1-2-43　　　　　　　图1-2-44

态，两侧配以精细真切的狗、豹、鹅、飞鸟、孔雀、狮等动物形象，安排均匀，形象逼真，内容丰富；第三个时期，西西里丝绸纹样构思更加自由奔放和多样化，织物纹样中的人物、动物处理成徽章式或城堡纹式，对称式构图逐渐减少（图1-2-45）。

其三，西班牙织物纹样。712年，伊斯兰人征服了西班牙，756年，倭马亚王朝皇族阿卜德·阿尔拉曼在科尔多瓦建立倭马亚王朝。这是东方伊斯兰王朝首次在西方建立的独立的伊斯兰国家。一般而言，西班牙丝绸纹样，仅限于几何形纹样。13世纪还出现了各种形状的八角星纹样，流行于整个西班牙。其中格林纳达地区14-15世纪的八角星连续边饰纹样结构合理精巧，并织有西班牙织物特有的"库菲文铭句"——"荣耀归于上帝和仁慈"，这是典型的西班牙——伊斯兰样式纹样。15世纪格林纳达生产的多角星和铭文纹样，以编带纹，小花，松果纹与库非文字"仁慈"二字巧妙组合，由伊斯兰多角星形和三层花边构成，色彩华丽，具有伊斯兰人严谨冷峻的性格，是格调极高的典型西班牙——伊斯兰样式纹样。到了15世纪，西班牙丝绸纹样仍以横条花型为中心，在精致几何形纹样占据主流的同时，出现了"穆迪夏尔"或称"阿尔罕布拉样式"。这种样式融合了西班牙风格

和哥特式风格，也可以认为这是从伊斯兰样式逐渐向欧洲样式转换的一个变化过程。13世纪以后，西班牙的阿拉伯势力已完全消失。不久，在意大利、法兰西、英国、荷兰等国家诞生了以欧洲文化为主宰的新丝绸，其纹样也自然具备欧洲文化的特点（图1-2-46、图1-2-47）。

（五）意大利纺织品纹样

13世纪的意大利由许多城市组成，盛开过灿烂文艺复兴之花的卢卡、佛罗伦萨、威尼斯、热那亚、卡拉布里亚等都以纺织业为主。

卢卡织物名声已越过阿尔卑斯山脉传遍了整个欧洲。初期的卢卡丝织物，明显带有波斯萨珊王朝、拜占庭和巴勒莫风格特点，原来的波斯连珠纹花型逐渐变为横格或斜线配置的花型。带有西西里纹样特点的动物纹、鸟纹越来越少，代之以纵向波浪纹中配以锯齿叶和花纹。虽然动物纹样没有完全消失，但原来图式化的动物形象已变为写实化。卢卡后期的丝织物，其纹样多为东方象征性题材。典型的卢卡后期织物纹样，充满东方情调，表现出对东方艺术的憧憬与神往。13世纪，威尼斯商人之子马可·波罗携带大量珍贵的中国物品回到意大利，引起西方的中国热。卢卡丝织物中有一种火焰纹样，据认为就是采用了中国佛像背景的佛光纹样（图1-2-48、图1-2-49）。

威尼斯和热那亚的丝织物在15世纪已相当发达。天鹅绒和织锦缎已凌驾于佛罗伦萨丝织物之上，16世纪初期威尼斯生产的天鹅绒、典型威尼斯风格，称为"威尼斯样式"。东方样式的波浪纹之间，对称配置有蓟草花纹，是一幅非常优雅秀美的织物纹样。与卢卡东方式的、极具动感的纹样相比，威尼斯织物纹样则具有安静沉稳的神韵，构图弥漫着哥特精神。植物纹样强调适合稳定均衡的构图，在波浪纹式构图中，表现极有个性的写实花卉纹样。被称为"文艺复兴格调"的石榴形纹样，就是指这种威尼斯样式的纹样花型。热那亚天鹅绒纹样主要是石榴纹样和莨苕叶纹样，格调高雅优美，曲线流畅华丽，被称为"热那亚样式"（图1-2-50）。

佛罗伦萨丝绸在织法、构图、纹样诸方面均有显著特点。佛罗伦萨丝绸纹样的构图，已完全摒弃了西西里、伊斯兰和阿拉伯构图形式，多数为纵向波浪纹构图和满地花型构图，构图中填配东方纹样，特别是"石榴形花纹"已成为佛罗伦萨丝绸最明显的纹样特征。而这种石榴形花纹仅仅是外观造型像石榴，却没有印度、波斯等东方文化中丰收的含义，为纯装饰趣

图1-2-45 伊斯兰 鹦鹉和羚羊纹丝绸 12世纪
图1-2-46 拜占庭 茶底四骑士猎狮纹纬锦 7世纪
图1-2-47 伊斯兰 星与铭文丝绸 14-15世纪

图1-2-45

图1-2-46

图1-2-47

图1-2-48　图1-2-49　　　　图1-2-50　　　　图1-2-51　　　　图1-2-52

味的纹样形象。文艺复兴时期佛罗伦萨生产的石榴形丝绸纹样，多达上千种，当时的仓库库存目录中称这种花纹为"面包果"或"果实"。进入19世纪以后才命名为"石榴形花纹"或"朝鲜蓟草纹"。在纵向条纹或椭圆叶形构图中，左右装饰石榴形纹样。金丝绒则也织有红宝石色和天蓝色的大型石榴形花纹，显得华丽高贵。其花型循环尺寸长达22英寸×48英寸(1英寸=2.54厘米)，特别适于装饰贵族家庭或教堂内部。16世纪中期，盛极一时的石榴形花纹逐渐变得程式化，纹样构成繁琐生硬，失去了往日的风采(图1-2-51)。

15世纪后半期到16世纪，意大利丝绸出现了"花瓶纹样"。花瓶纹样的构成比较简洁单纯，但从花瓶派生出的植物纹样，其意义却涉及西方文艺复兴样式和东方样式等领域。16世纪欧洲流行西班牙服装,意大利的纺织品纹样为适应流行，产生了两种变化。其一，为适应西班牙服装，纹样变得小巧玲珑。宫廷穿用的外套，纹样精密，流行朵花型、小花朵和鸟禽、动物等。由于纹样细巧，给织造带来难度，但织出的花纹精密细致，十分耐看。其二，出现了类型繁多的横条纹样。16世纪流行的西班牙横条纹样，到17世纪又变为威尼斯横条纹样，这些横条纹样配以小花用于外套裙边(图1-2-52)。

（六）法国纺织品纹样

15世纪后期，法国君主们开始注意发展本国的纺织工业，1480年在图尔建立了丝绸织造工厂，在巴黎近郊的枫丹白露设立了丝绸织造工厂，在里昂也建立了丝绸纺织厂。这些城市很快成为法国丝绸纺织业的中心城市。1589年，亨利四世在萨旺里尼建立了皇家织毯工厂，在巴黎近郊开设了"戈贝兰皇家壁毯织造所"，生产各类挂毯和艺术壁毯。该织造所生产的壁毯以其精美绝伦的艺术效果使"戈贝兰"壁毯织造工艺享有极高的声誉。后来，在里昂的意大利人丹贡发明了提花织机，使以前难以生产的大型纹样织品，变得简单易行，被里昂纺织界采用推广，使里昂发展成为法国丝绸的主要产地，与巴黎、图尔并驾齐驱成为法兰西三大纺织生产基地。法兰西纺织品以其对称式的构图和花边式的效果，显示出其织物纹样的特色，法兰西17世纪中叶花边生产的繁荣也给法兰西丝绸以极大影响(图1-2-53)。

当时许多有名的画家参与了里昂丝绸、壁毯纹样的设计绘制工作，使里昂丝绸、天鹅绒和壁毯的纹样设计达到了极高的水平。17世纪法国的壁毯工艺艺术水平之高，与17世纪欧洲高水平的绘画艺术有直接关系。著名画家夏尔斯·勒布伦(1619-1690年)是法国美术学院院长和国王首席画家，也是"戈贝兰壁毯织造工厂"的艺术总监，他直接参与戈贝兰织花壁毯的纹样设计工作，他以高超的素描绘画技巧推动了壁毯纹样设计工作，使壁毯的纹样形象无论是神话传说人物还

图1-2-48　意大利　羚羊和怪蛇纹样织锦　13世纪
图1-2-49　意大利　飞龙、凤凰纹样织锦　13-14世纪
图1-2-50　威尼斯　大型连续石榴纹天鹅绒　16世纪
图1-2-51　意大利　石榴纹天鹅绒　1445年
图1-2-52　意大利　佛罗伦萨教堂装饰纹样
图1-2-53　法国　壁毯《视觉》　15世纪末

是风景花卉，都具有很高的绘画艺术性和欣赏价值。

法国壁毯的纹样设计以其描绘真实，绚丽柔和的色彩，严谨对称的构图和精巧细致的底纹，在艺术和技术上均达到了极高的水准，在世界纺织史上占有辉煌的一页，成为体现巴洛克精神的艺术珍品(图1-2-54)。17-18世纪欧洲各国大量进口印度和中国丝绸，这些纺织品表现出与西方格调迥异的东方趣味，使欧洲人迷恋向往。里昂丝绸设计家吸收采纳东方

图1-2-53

016

图1-2-54

图1-2-55

图1-2-56

情调的纹样，并与古典莨苕叶纹样相结合，产生了新的纹样样式——"东方式纹样"。这种纹样从1690年开始萌芽，一直延续到1720年。1705-1710年是东方式最流行的时期。所谓东方式纹样，是以东方情调纹样为基础，融合巴洛克莨苕叶所构成的纹样形式。另外，端正式构图逐渐减少，动感式构图增多。表现中国风格城郭、花瓶、园林、山水与变形花卉组合而成，是一种极富幻想充满异国情调的纹样，这种绮想样式纹样成为巴洛克纺织品纹样的一大特点。东方式纹样后期，逐渐变化为贝壳和不知名植物组合的形式。贝壳也是歪歪斜斜说不清楚是什么贝壳的怪异形态，被称为"歪斜贝壳样式"，是巴洛克的一种固定样式。歪斜贝壳和岩石洞窟的组合，流畅的植物线条变化为弯弯曲曲的茎蔓，这种纹样花纹又发展变化成为流畅典雅的带花朵的茎蔓花型纹样和雅宴画风纹样，成为我们非常熟悉的"罗可可样式"的纹样。

17世纪末到18世纪初期，法国花边纹样从文艺复兴时期的大型纹样发展而来，其花边纹样构图基本上是对称式，用花边和网眼构成底纹，围绕中心的花草纹样，其构思和织造都堪称优异。花边纹样的织物在17世纪90年代非常流行，以法兰西为首，在意大利、瑞士、英国等国地广为传播。

1720年花边纹样再次盛行，受到荷兰、英国女王的喜爱。在大型纹样中，加入模仿亚麻布花边的纹样，另外还添加连续的小四角形、小六角形几何纹样。初期纹样为大胆的大型构图，在花边构成的轮廓中，写实小花围绕着中间的主要题材，用色线在红色或银色素材底上织出花型，宛若自然花草雅致优美地开放在织物上。花边纹样从1700年一直延续到1710年。这种豪华的花边纹样，因其华丽而受到上层贵族社会的青睐（图1-2-55）。

谈到法国纺织品纹样，不得不提到拿破仑时代的纹样。此时代最优秀的古典主义的纹样设计家是扬·弗朗索瓦·保尼（1754-1825年），他为拿破仑的圣·库尔宫、马尔索宫设计创作了许多窗帘与壁挂，这些纺织品纹样作为帝政时代纹样典型作品而受到人们的极大重视。所有这些皇宫用织物，几乎都绣有古希腊、罗马时期象征胜利和荣誉的纹样形象，如棕榈叶、月桂树、橄榄、绳索、奖杯、雷纹、盔甲、长剑、马车、竖琴、葡萄、舟船、车轮、花瓶、角笛、树冠、蜜蜂、鹫等。使用最多的题材是体现拿破仑名字的第一个字母"N"。拿破仑好胜，喜欢古希腊、罗马象征胜利的棕榈、月桂等形象，这些纹样镶嵌在希腊罗马风格的直线几何形构图中。皇妃约瑟芬特别喜爱玫瑰花，里昂织物纹样设计

图1-2-54　法国　巴洛克风格壁毯《音乐和舞》
1688年
图1-2-55　法国　巴洛克时期的花边风格丝绸
1720-1750年
图1-2-56　法国　棉麻印花布《中国风景》
1766年

家经常以玫瑰和紫丁香花作为纹样题材。拿破仑帝政时期的织物纹样，是希腊罗马古典样式与罗可可风格的玫瑰花混合而成的华丽纹样。

在法国纺织品纹样中，朱伊印花布纹样不得不提。1760年，克里斯托夫·菲利浦·奥贝尔康普创立了有名的朱伊印花工厂。初期也是从模仿印度花布纹样开始的。在纹样设计方面，力图设计新颖美观，迅速翻新花版，增加新花色。朱伊印花工厂在开发铜版印花工艺的同时，又聘请了著名画家巴斯特顿·尤埃担当朱伊工厂的纹样设计师，依照西方透视法则，用铜版腐蚀方法，表现风景和花卉。他擅长画动物，也擅长描绘田园风光，1783年就任皇家朱伊工厂纹样设计总监。他以创造欧洲印花纹样为目标，创作了许多优美的印染纹样。这些作品栩栩如生地描绘了农村的生活情景，画面运用透视法则，用单色浓淡表现事物的远近深浅，恰到好处地体现阴影，充分采取欧洲版画技法，使印花纹样取得新的艺术效果。他的纹样设计以其优美细腻的艺术造型和广阔的生活内容，以及精巧的雕刻印制，使朱伊

印花纹样在印花纹样历史上熠熠闪光。奥贝尔康普开发的铜版印花和铜版滚筒印花机可以生产小型连续纹样和小点组成的细巧纹样，18世纪后期，生产了如"细线底纹散点花叶"和"点描花叶纹"这样的细巧纹样，达到与现代机器印花机相仿的印制效果，给法国其他印花工厂以极大的影响（图1-2-56）。

（七）英国纺织品纹样

19世纪中期到20世纪初期维多利亚女王统治时代称为"维多利亚时代"。这期间的纺织产品也以"维多利亚印花棉布"而为人们所熟知。英国花布与法国一样，最初受印度花布影响，纹样具有异国情调，或印度式花型或中国风格花型，继而出现新古典主义纹样。1783年，苏格兰人托马斯·贝尔申请"滚筒印花"技术专利获得成功，从1790年以来在普雷斯顿的印染行业中推广普及。1810年前，滚筒印花机只能印制低廉的单色花布，后来经过不断改进，才能印制大型家具用花布。维多利亚王朝初期，又开发出"滚筒网纹"的雕刻技术，能够印制相当精密细致的底纹，丰富了纹样的表现方法。虽然发明了新雕刻工艺，但制版工艺只能印制2-3套色，滚筒

印花只能印红、黑、褐三色的基本花型，对于较复杂的花型，就得用"模版印花"方式印制（图1-2-57）。

欧洲工业革命以后，交通、通信联系变得更加快捷，这就大大地引发了当时欧洲人对外国自然界——动物和植物的兴趣。代表性的植物学家有克里斯托夫·德莱塞(Christopher Dress et)。作为装饰艺术设计家，他又是一位折中主义者，作品风格多变、涉猎广泛，凡哥特式、伊斯兰式、日本式艺术趣味都在他的作品中得到体现，在装饰艺术设计领域，留有许多优秀的设计作品。

维多利亚王朝印花布纹样的特点，可以概括为自始至终都是以写实主义的手法来描绘花卉和鸟类。初期题材以模仿印度花布的异国花卉为主，逐渐变为描绘欧洲本土的花卉形象，如蔷薇、紫丁香、绣球、罂粟、茉莉等娇艳的花花朵朵，也有羊齿草叶、常春藤枝蔓等枝叶形象。这些花卉形象有时构成满底花型，有时构成上下垂直连续的竖条花型，纹样之中穿插着写实的鸟类形象。当时的花布纹样大部分是这种"写实花卉"和"花卉加鸟"的类型。19世纪前期的维多利亚印花棉布，简直可以说是"自然花卉

的宝库"，这一时期印花布的纹样分类如下：

1. 以詹姆斯·奥杜邦编辑出版的《美国鸟类图鉴》为资料，设计了许多异国情调的野鸟与花卉的印花布纹样。从此，自然写实花卉和异国鸟禽、蝴蝶构成的纹样不仅用于木版印花，也大量用于滚筒印花（图1-2-58）。

2. 棕榈与异国禽鸟相互穿插搭配是维多利亚印花布代表性的纹样。飞禽是雷鸟或雉鸡。棕榈树有竖条类型、满底类型或以棕榈与雉鸡构成风景的类型等。

3. 20世纪20年代后出现的花树纹样，颇受人们青睐。这种花树纹样是用植物染料印制的，底色有黄色、蓝色、绿色等，在不同底色上印有相同的花树纹样，就是我们现在普遍运用的一个纹样花型有多种配色。在纹样方面，西番莲草、天竺葵、茉莉花纹样很受欢迎。将异国情调的花树纹样排列成密集的条形纹样，由于制版技术的提高，这种条形花树纹样的印制也非常精细，因此十分畅销（图1-2-59）。

图1-2-57 18世纪早期的中国风印花布
图1-2-58 英国木版印花棉布 18世纪
图1-2-59 英国木版印花 1799年

图1-2-57

图1-2-58

图1-2-59

4. 1815-1824 年，印花布流行唐草边饰纹样。边饰部分排列着连续唐草纹，其他部分排列着密集的小花丛，边饰纹样沿布边印制，用于窗帘的下垂部分。印花布底色为绿色或浅褐色。

5. 19 世纪后期，英国兴起"恢复哥特式"运动，也给印花纹样题材带来极大影响。当时流行哥特式建筑风格以及彩色玻璃窗，所以彩色玻璃窗印花纹样也广泛盛行。

6. 19 世纪初期，原来模仿印度花布的深暗色、不鲜明的底色越来越少，逐渐由黄褐色所代替，其他如黄、米黄、棕褐色仍是主流色。由于理查德·欧贝（Richard Obey）的大力倡导，使黄褐色印花布成为最畅销的花布。欧贝是伦敦家具布印染业者，由他创作的黄褐色印花家具布，在黄褐色底子上，用橡树、栎树叶、茉莉花、啤酒花、百合、蓟草等组成了香花团样的花丛，或者组成直条和斜条。黄褐色式样的流行，大大改变了原来英国印花布色彩深暗的面貌。

7. 18 世纪初期，拔染印花工艺已经有了很大进步，到维多利亚女王时期，这种印花工艺随着生产的发展更加日臻完善。在印染家具布花树纹样时，用雕白剂将蓝底上的树形、叶子部位拔白，再印上绿色浆，蓝底上就印出绿树和叶子，其效果是以前所没有的，十分新颖。

8. 19 世纪初，发现了防染媒染剂，开发了在蓝底上直接印染其他色彩的防染印花方法。使用媒染剂，蓝色底上直接印制红色花型，红花能直接呈现在蓝底之上，其边缘轮廓清。

（八）印度纺织品纹样

出土文物证明印度已经在几千年前就开始种植棉花，起码说明印度在公元前两千年左右已经产生了纺织印花。古代印度有着高度的文明发展，中国的丝绸之路，开通了东方和西方的交流。现收藏于叙利亚博物馆的印度产蜡防蓝印花布，是印度最早的花布，无论印花技术和纹样都堪称一流。1592 年，一艘英国的武装船只缉拿了一艘满载印度花布和地毯及其他豪华奢侈品的西班牙商船，劫掠到英国德文波特港，英国商人才开始知道东方的印度竟有如此色彩斑斓的花布，他们惊叹印度花布的美丽纹样和鲜艳色彩。在很长一段时期内，欧洲把花布叫作"印第安努"。当时，欧洲只能生产素面织物，面带花纹的纺织丝织物只有极少数王公贵族才能使用。1600 年，英国率先成立了与东方进行贸易的"东印度公司"。17 世纪初，整个欧洲地区掀起了一股销售购买印度花布的热潮。尽管印度花布价格昂贵，但购买印度花布仍形成流行趋势。印度花布畅销欧洲的事实，说明印度的纺织印染业已经达到非常高的水平。印度萨拉萨花布纹样有如下内容：1. 印度教神话纹样。如毗湿奴神的故事、印度教诸神、神鸟等。2. 佩兹利纹样的前身"波斯布塔"花纹纹样。3. 佛教内容。如佛传纹样、梵文纹样等。4. 恒河风光纹样。5. 受伊斯兰影响，将阿拉伯文字纹样化。6. 受波斯影响，于清真寺拱门中，配以生命树。7. 原始佩兹利纹样构成边框，中间配以满底花朵。8. 滞留印度的欧洲人物。印度萨拉萨印花布，以其绚丽缤纷的色彩、异国情调的纹样、轻薄柔软的质地，赢得了欧洲各国从宫廷贵族到商人富贾的青睐。后来，欧洲各国相继开始模仿印度花布，继而生产欧洲自己的印花布，诞生了欧洲风格的印花产品，以至发展成为今日印花纹样设计的原型基础。印度萨拉萨印花布在纺织品纹样的历史上，有其独特的历史地位（图1-2-60）。

对生命树的崇拜，繁缛精致、变化多端的线条，含蓄、典雅而强烈的色彩，对比强烈、独具韵味和律动的造型，是印度纹样能够持续影响世界纺织品装饰的重要原因。典型的印度传统纹样大约有两大分支。一种是起源于对生命之树的信仰，另一种则是出于印度 HINDU 教故事与传说。前一种多取材于植物纹样，如石榴、百合、菠萝、蔷薇、风信子、椰子、玫瑰和菖蒲等。这些题材经过高度的提炼和概括用纹样化的手法，用卷枝或折枝的形式把纹样连续起来。印度北部的克什米尔披肩主要以松叶与松果为主题，以旋涡形的造型使纹样产生活泼多变的效果，后来发展成佩兹利纹样。后一种主题给印度纹样带来浓烈的宗教色彩和明显的伊斯兰装饰艺术风格。纹样有着明快的轮廓和装饰的区别性，在拱门形的框架结构中安排代表生命之树的丝杉树和 HINDU 教传统的人物故事以及动物形象，纹样有着稳定对称的效果（图1-2-61、图1-2-62）。

历史上由于亚历山大与阿拉伯人的入侵，印度受到了阿拉伯与波斯纹样十分深刻的影响，至今的印度纹样仍能看到波斯纹样中左右对称和交错排列的余绪。传统的印度纹样以土耳其红、靛蓝、米黄、棕色和黑色为主要色彩。

图1-2-60 印度 宫廷人物印花布 17世纪
图1-2-61 四种花树纹样的印度手绘披肩 1760
图1-2-62 印度手绘披肩 18世纪

图1-2-60

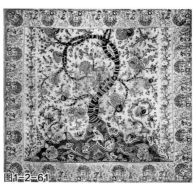

图1-2-61

图1-2-62

（九）泰国纺织品纹样

泰国由于地理位置上的优越性，很早就受益于中国的丝绸纺织和印度的棉纺织，同时从印度学得了各种印花技术。泰国的织物纹样基本上是属于与印度纹样同一范畴的，其实整个东南亚地区基本上都是属于这一范畴的。传统的泰国纹样区别于其他民族纹样的特点是采用斜线条花纹与三角形骨架相结合的结构。纹样明显地受印度生命之树信仰的影响，常常把"生命之树"的主题安排在三角形的结构中，斜线部分较多地采用几何结构的线条和连续的纹样形的花卉。

泰国是世界上唯一以佛教为国教的国家，佛教不仅深深地影响着人们的日常生活，也是泰国文化形成的基础，同时与文学艺术、建筑有着密切的联系。在泰国纹样中可以说一切元素都与佛教有关，20世纪70年代在东南亚地区流行的泰国纹样主要是带有这种神秘的宗教色彩的纹样。纹样一般是用金色与银色的线条在黑色的布上勾画出基本上是圆形或多边形的带有装饰风格的花卉纹样，有时将彩色的平涂多变的小纹样组成莲花型的完整纹样或各种对称纹样，再用金线或银线构出完整连续的轮廓线。大多数纹样取材于古老的主题，更多取材于佛教的装饰品中的纹样，纹样的处理有时好像释迦牟尼塑像上的头饰与佛光纹样，所以常常有与佛教有关的佛手纹样、火焰纹样、珠宝纹样、菩萨纹样、缎带纹样。在纹样的排列上，大多采用几何结构的形式，结构严密而精确，线条精细，有时采用粗线条与细线条交错十分流利（图1-2-63、图1-2-64）。

（十）克什米尔纺织品纹样

提到克什米尔，我们无疑会想到克什米尔披肩和佩兹利纹样。克什米尔披肩起源于印度克什米尔扎伊努·阿比定王初期，最初的克什米尔披肩是从中亚细亚和波斯招聘的织布工匠，利用他们织造壁毯的技术来生产。多用金线、银线进行装饰，十分美丽。纹样以自然主义样式描绘，自由配置精美纤细的花草纹，构成连续的花草边饰纹样。

克什米尔披肩上常用的"松果形花纹"，由叶形变化而产生，是古代巴比伦时代出现的装饰纹样。虽然松果形花纹发源于古罗马、希腊，但并没有在欧洲流行，只有印度继承了这一纹样，历经几个世纪仍继续使用。17世纪开始，印度克什米尔地区用松果纹样装饰披肩。1815年，松果形纹样开始失去原有的自然主义形态，成为纯粹的抽象形态。这种"松果形"和花草边饰纹样相混合，变成复杂的细长圆锥形纹、最后演变成"佩兹利纹样"（图1-2-65）。

19世纪初叶，克什米尔披肩已在欧洲各国流行。法国人对克什米尔披肩的需求量大大增加，为此在克什米尔开设代理公司，从而形成由法国人在巴黎设计披肩花型，在克什米尔加工的贸易方式。法国设计的花型，线条轻松舒展，花型清秀，不像当地纹样那样花里胡哨。西方代理公司对克什米尔披肩的设计起了很大作用。

克什米尔披肩纹样的发展分为两个大的阶段，第一个阶段为从"花草边饰纹"演化为"佩兹利纹样"的阶段：16-17世纪前半期的克什米尔披肩，中央部分是无花纹的素底，两侧有带根的虞美人和不知名的纤细花草，这种花草边饰纹优美细巧，具有波斯花饰风格和印度莫卧儿王朝自然主义风格；17世纪后半期，花草题材变为形式化样式。一棵花草上增加花朵数量，组成带根的小花丛，花丛外形则变成鸡蛋椭圆形，花丛顶部稍微向左倾斜，出现"佩兹利纹样"的雏形，但仍保留莫卧儿王朝写实的自然主义感觉；18世纪中期，花丛根部消失，密集的草叶形成小灌木丛，取代了原来的根形，变为西方很熟悉的松果、玉米形，由密集的小花草叶构成松果外形，平列排成边饰纹样，根部消失变为密集的草叶，草叶下方又出现了承托花草的器具，整个纹型变成花瓶形状。1800-1815年，边饰纹样逐渐变化，纹样结构更加致密。另外，在边饰纹样背景中插入曲线形花纹样，整体的底面面积变小，边饰纹样外形进一步变成圆滑的曲线形(1815

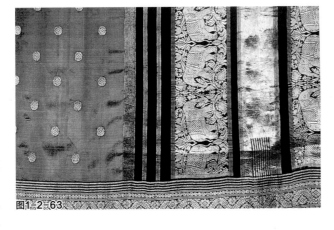

图1-2-63

图1-2-64

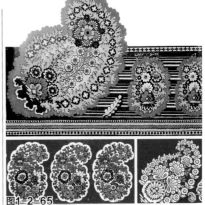

图1-2-65

019

图1-2-63 泰国织金织物
图1-2-64 泰国佛教题材的织物
图1-2-65 佩兹利边饰纹样

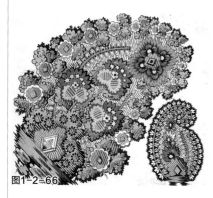

图1-2-66

年以后），背景的曲线纹样向边饰纹样靠拢，后来又分开构成松果纹样的细尖头部，并开始形成佩兹利纹样的原型（图1-2-66）。

第二个阶段为19世纪不断西化的阶段：19世纪20年代，披肩面料的边饰上，用纤细的植物纹样组成松果形纹样。30年代后松果形纹样变得细长起来，甚至出现了长达80厘米的细长松果形纹样。本来披肩中间为素底无花，此时中间也配上与松果相适应的纹样。50年代以后，佩兹利纹

图1-2-66　18世纪初期的佩兹利纹样
图1-2-67　19-20世纪的佩兹利纹样

样越来越走向成熟，出现了现代形态，设计也变得越发豪华、繁杂。松果形纹样变得极端细长、弯曲，像藤蔓样互相绕在一起，底子上的花纹也和松果融合成为一体，最终形成了我们今天看到的"佩兹利纹样"（图1-2-67）。

佩兹利是英国苏格兰的格拉斯哥以西10公里的小城市，曾是披肩生产的主要产地。这里仿造的克什米尔松果纹样披肩很受欧洲人的喜爱，因此将这种披肩的纹样以产地名称命名，成为"佩兹利花型"。佩兹利市最初生产松果纹样的披肩产品，是在1814-1818年，直到1840年以后，佩兹利市生产的披肩产品目录才出现"松果纹样"的记录。初期佩兹利生产的披肩，由于受到织机的制约很大，所以织造的松果纹与维多利亚时代的"松果"相比，形状既小又简单，套色也不多。初期的披肩中央是无花素底，只在四周配以松果形组成的边饰，或把"松果纹样"构成条状花边作为

披肩纹样。1844年特别到1848年后，松果纹样的边长变细变长，花型变得纤细秀丽。此时，终于完成演变过程，成为"佩兹利纹样"。

从1850年左右开始，在爱丁堡等城市开始生产印花披肩。法国"朱伊印花工厂"和牟罗兹的印花业者们，模仿克什米尔织造披肩的花型，生产各种印花披肩。其纹样花型从早期的花草边饰纹样，到后期变化成的"佩兹利纹样"。这些印花披肩纹样，都非常细致精美，绝不逊色于织造披肩。再者，印花披肩用丝绸罗纱作坯布，可以印制十分复杂精细的纹样花型，与织造的披肩相比较外观区别不大，离开60-90厘米（2-3英尺）距离，就分不出是印花的还是织造的。印花工艺的精细度可达到十分高超的水平。以1870年为界，织造披肩的数量逐渐减少，直到完全消失，印花披肩最终代替了织造披肩。印花披肩也流行"佩兹利纹样"，且纹样更加精巧细腻，形态变化无穷，这种印花披肩正如现在我们所看到的，佩兹利纹样披肩在世界范围内仍然畅销不衰（图1-2-68）。

（十一）友禅纹样

"友禅染"是由日本宫崎友禅始创而得名的。友禅印花是用毛笔或其他工具将防止染料渗入的防染糊（用糯米制成的糊料）印绘在织物上，待防染糊干后再染色的工艺。友禅印花后来发展出手描友禅、型染友禅。手描友禅是一种直接将纹样用手描在坯布上的工艺；型友禅是将纹样雕刻成型纸然后分别染色的工艺。型版纤细的部分用许多头发丝牵住，每套颜色用一张型纸，一般要用30-40张型纸，多的甚至要用近百张型纸。友禅印花按产地又可分加贺友禅、京友禅（京都产）和东京友禅，东京友禅是典型的现代友禅。

友禅印花的纹样现在已被广泛地移用在圆网、平网与其他机械化印花中。日本和其他国家的纹样设计师都在反复研究其色彩与纹样。友禅印花以其细腻独到而受到世界许多民族的喜爱，常常被作为日本风格的纹样在欧洲或整个世界流行。

图1-2-67

大多数友禅纹样都是以复合纹样出现的。从技法上讲，友禅印花常常与刺绣、扎染、揩金等技法相结合。从题材上讲是具有多样性纹样的复合，常常是各种花卉纹样与几何纹样同时出现，各种具象的、写实的与概括的纹样同时并存；传统的日本纺织品纹样与中国唐代纹样相结合。具有本民族写生变化特色的平安樱、二阶笠、西海波、龟甲纹、幸菱纹、海松丸、镰仓纹样、江户小纹以及表现神社等写生纹样，受中国绘画影响的浮世绘等与中国传统纹样的雷纹、七宝纹、八仙纹、小葵唐草纹、牡丹唐草纹、石榴唐草纹及乱菊纹等纹样同时出现在同一纹样中。由于友禅印花采用糯米作糊料来进行防染，纹样可以达到纤细多彩，晕纹漪涟的效果（图1-2-69、图1-2-70）。

友禅纹样中用得最广泛的是"扇文"与"晕纹"等。"扇纹"是由褶扇组成，褶扇是日本民族于平安时代在中国蒲扇基础上创造出来的，镰仓时代开始用于印花纹样，纹样一般用两把或数把组成圆形纹样，或全开或半开或闭合可像花卉纹样一样组成各种排列样式。友禅纹样在家用纺织品中，多被运用在屏风、墙布、窗帘、家具布等方面（图1-2-71、图1-2-72）。

第三节 纺织品纹样设计的个性特征

纺织品纹样作为纹样大家族的一类，在创意设计中与其他类别的纹样有着相对共同的艺术规律，但也存在区别于其他纹样设计的个性特征：

图1-2-68　18世纪　英格兰机印花布佩兹利纹样
图1-2-69　花卉纹　友禅染　19世纪
图1-2-70　菊梅纹　友禅染　19世纪
图1-2-71　友禅染机印提花布　18世纪末
图1-2-72　友禅纹样　机印丝光棉　18世纪末

图1-2-68

图1-2-69

图1-2-70

图1-2-71

图1-2-72

022

一、多样性特征

纺织品纹样是在织物织造中或织造完成以后再加工形成的纹饰。不同的消费群体、工艺条件、纤维原料、审美需求，形成了纺织品多品种、多规格、多种类、多用途、多风格的产品特点。纺织产品的多样性决定了纹样品设计的丰富性、多变性，设计一幅纺织品纹样，不但要考虑它在现代生活方式、时代性等方面的共性，每个品种还有它纹样设计与工艺制作的特殊要求，就印花纹样而言，不同的印花工艺、使用方法、销售对象都存在着设计的区别，相同的纹样还要提供不同的配色方案等。因此，纹样设计师除了需要掌握相应的设计基础知识和艺术修养，掌握多种设计"语言"外，对灵活、时尚、多变、限制等特点的认知和掌握也是必备的条件（图1-3-1）。

二、适用性特征

纺织品纹样设计的优劣不是单纯以设计稿的效果来判定，而是通过人们的穿着服用、室内环境装饰等最终效果来体现的。因此，纺织品纹样的设计存在着一个对使用适用性问题的考虑与认知。 人们的生活需求和爱好是多元化的，不同地区、性别年龄、文化修养、生活方式的差异，必然导致多样化的审美要求；季节、环境、用途的差异，必然形成不同的装饰需求。随着人们生活方式的变化，市场流行变化的节奏的加快，除了要求纹样设计师对市场流行趋势变化具有敏感的认识与反应，经常收集市场信息，从中探寻消费者的需求规律外，还要求纹样设计师很好地考虑设计的适用性问题。如窗帘纹样的设计，即使设计稿上纹样、元素、色彩疏密得当，视觉效果良好，但在真正的使用过程中并不一定会获得良好的效果，因为窗帘布的使用中并非平铺呈现的，而是以竖向折叠方式（一般的比例为1:2.5倍）呈现的。所以窗帘纹样的设计需要考虑使用中的效果，而不只是平展的设计稿效果。再如方形头巾的设计，有些纹样稿设计得很好看，其设计的重心在头巾的中心位置，但使用的效果不佳，其中就可能存在设计师未能考虑到头巾折叠使用中的适用性问题，未能很好考虑角向对折以后的使用效果（图1-3-2）。

三、整体性特征

对任何纹样设计来说，都有整体性的要求，但纺织品纹样设计的整体性有其特殊的含义和要求。其中整体性主要体现在以下几个方面：1.设计师根据特定品种的设计要求，在面积有限的设计稿中表现其题材、内容、色彩等。如四方连续的设计，在单位纹内它所体现的艺术效果是局部的、暂时的，最后的艺术效果和使用效果如何，对初学者来说，是很难预见的。在设计过程中往往出现这样的情况：一些看起来艺术效果良好的单位纹设计稿，经过连续或生产后，其整体效果却并不理想，而一些看起来很"简单"的几何形纹样，经连续以后的服用效果却很好。可见，在设计稿中如何充分预见织物的整体性效果，是纺织品纹样设计师的一种必备能力；2.设计师不仅应考虑纹样、品种本身的整体效果，还应考虑到纹样设计与周围环境、空间、使用对象等多种因素的协调。若是服饰纹样设计，就应考虑到整体的服用效果，并能与生活环境、活动场所、不同用途相适应。若是家用纺织品的配套设计，不仅要注意单件和单件之间的在纹样题材、内容之间的关联，还应考虑到与所在环境等其他因素的整体协调统一，忽视这些因素的考虑，很难取得理想的整体穿着性、

图1-3-1 设计稿与产品之间的关系

配套性的良好效果（图1-3-3）。

四、制约性特征

纺织品纹样设计不同于一般的绘画艺术，甚至与一般的平面印刷纹样设计也有很大的区别，因为纺织品纹样设计无法离开具体的产品独立存在，它的设计与表现必须受到特定工艺条件的制约，在工艺制约下突显不同的艺术特性。如提花织物纹样设计，它是以经纬线的浮沉来表现各种装饰形象，且以纤维的性能、纱线的形态、织物的组织变化显示出各种材料的质地、光泽、纹理等效果的纹样设计方式之一。因为纹织工艺的限制，在提花纹样设计中细密而流畅的曲线在成品中很难获得良好的效果。另如型板印花和蓝印花布纹样的设计，因为镂空制版工艺以及刮印工具的限制，一般无法表现细长的线条和大的块面。但正因为这些限制的存在，才突显了型板印花及蓝印花布纹样以短线条和点为主的纹样表现特点。

因而，如何认识、对待各种工艺带来的限制，运用不同品种的限制进行科学、合理的创意设计，形成与适用目标一致的艺术效果，将特殊工艺条件带来的制约转化为设计的特点，这也是纺织品纹样设计必须重视和掌握的重要问题。

第四节 纺织品纹样的审美体验特征

一、文化与审美的载体

所谓的文化，是凝结在物质之中又游离于物质之外，能够被传承和传播的国家或民族的思维方式、价值观念、生活方式、行为规范、艺术文化、科学技术等，它是人类相互之间进行交流，并被普遍认可的一种能够传承的意识形态。而纺织品以及纹样作为物质文

图1-3-2

图1-3-3

图1-4-1

图1-3-2 窗帘织物设计的实物呈现
图1-3-3 纹样设计与其他因素的协调
图1-4-1 传统与现代观念的融合。《倩影》，作者：蔡雅霜，指导教师：龚建培

化和精神文化的载体之一，是人类在不断对自我、自然进行认识和改造过程中所创造，并获得认可、传承和使用的物质文化与精神文化的综合体（图1-4-1）。

纺织品纹样的设计过程是一种文化传达与审美感知、表达的结合，不管是哪个时代、民族、地域的纺织品纹样，其设计都体现了这一共同的特征。在这种文化与审美的传达中，优秀的纺织品纹样设计不仅可以带给消费者审美感受的直接性、直观性，同时也给予消费者多种审美感官的愉悦，而且这种愉悦是不需要理智思考和逻辑判断而直接产生的。其次，优秀的纺织品纹样设计还可以带给消费者一种审美情感的体验，也即通过情感激发消费者审美情感中丰富的理性因素，理解审美对象蕴含的社会观念内容。审美情感活动是以形象思维为基础的，纺织品纹样设计的审美情感表达也是以丰富而多彩的题材、内容、形象为基础的，通过具体、鲜明的形象而引起不同消费者的感知，诱发情感，从而产生消费行为（图1-4-2）。

二、时尚与流行的体现

时尚，是人们对社会某种现象的崇尚。这里的"尚"是指一种设计的高度，在纺织品纹样设计中多指一种充满活力的艺术形式或表现方法。具有时尚感的纹样设计一定充满灵感、激情、幻想，能带给人们一种愉悦的心情和优雅、纯粹的品位，赋予人们不凡的气质和神韵，能体现精致、个性的生活品位（图1-4-3）。

流行是在特定时间、地域内兴起，被人所追逐、模仿的新颖潮流，它表现的是文化、物质与习惯的传播。流行是一个非常广义的词，从某种角度来说，人类的文明与文化的发展就是一种文明与文化从出现至流行、发展、普及的过程。我们都清晰地知道，流行和时尚是两种不同的概念，时尚相对而言是比较小众化的、前卫的文化形态；流行是大众化的，是一种事物从小众化渐渐变得大众化的过程和现象（图1-4-4）。关于时尚与流行的问题将在本书的第七章中进行具体的探讨。

三、艺术与科技的融合

科学技术以及思维方式的不断发展，也不断影响人文科学和艺术设计的思维方式和表现方式。科学技术与艺术设计的完美结合，不仅可以促进设计思维从传统的单一化转变为现代的多元化、多维化，也使设计思维方式和设计表现媒体产生了革命性的变革。科学技术发展引发的新媒体艺术也可以让纺织品纹样设计师以更为独特的视角来认识和体现作品的创意和设计。而数码技术的发展，不断更新着纺织品纹样设计的思维模式和表达模式，也拓展了纺织品纹样设计的表现领域。而网络技术的发展，使设计师可以更便捷地了解世界各地的设计动态和流行趋势，可以更方便地获取设计所需要的资源。同时也方便了设计师与设计师、委托方及消费者的在线交流，拓展了设计的多方参与性。

四、品位与情调的邂逅

品位是一个人品质、趣味、情操、修养体现的总和，是一个人价值观，审美观，人生观在生活感受、态度上的具体体现。品位是纺织品纹样设计中重要的评价标准，品位也是优秀设计追求的终极目标之一。品位不仅是

图1-4-2 针对女性消费者的时尚设计。《时尚的竟放》，作者：景建超，指导教师：龚建培
图1-4-3 异国情调的纹样设计

图1-4-2

图1-4-3

图1-4-4

图1-4-5

个人生活境界和思想境界的主体，也是内在涵养或修养的外在体现，优雅大方、自然得体的品位会给人一种舒适、亲切、随和的感觉。因而，纺织品纹样设计既是设计者品位的自然流露和体现，也是创造和赋予设计之物独特品位的途径。同样一个题材，不同的设计师体现出的纹样品位一定是相异的；同样一种纹样，不同阶层消费者需求的品位也是相异的。但必须强调的是，并非色彩斑斓、设计繁复的纹样就是有品位的，而某些单色、简约的纹样设计同样体现出非凡的品位（图1-4-5）。

情调是指感觉、知觉的情绪色调，即同感觉、知觉相联系的情绪体验，与感觉知觉直接相连的情感。人们常说：品位决定情调，情调决定生活品质。诚然一个有品位的设计师会利用他的感悟和有趣的灵魂创造、设计出令人心动、独具魅力的情调；而一些品位索然的设计师只能体现平淡无奇的情调（图1-4-6）。

纵观经典的纺织品纹样设计，无疑不是独特品位与审美情调的双重体现。品位决定了设计的高度，品位是以设计师自我养成的价值观和审美为基础的，品位追根究底就是设计过

025

图1-4-4 流行色彩情调的表达。《春的旋律》，作者：孙倩，指导教师：龚建培
图1-4-5 对传统文化品位的颂扬。《春花的绽放》，作者：崔宇婷，指导教师：龚建培
图1-4-6 时尚纺织品纹样设计中的气质与品位

图1-4-6

图1-4-7 对生态理念的阐述。《放飞的花镜》，作者：张春娴，指导教师：龚建培

工"的形式；产品所用的材料强调经济性，尽量选择可循环和可以回收的再生材料，寻找和采用尽可能合理和优化的结构和方案，使得资源消耗和环境负影响降到最低。在绿色设计理念的基础上，如何在纹样设计中展现设计师独特的个性风格，演绎设计师对绿色生态的信念、感知、行为与态度，亦成为现在和将来纺织品纹样设计的一个重要课题。

第五节 纺织品纹样的设计程序

纺织品纹样设计的对象并非设计师自己，而是市场和消费者，这就要求设计师必须清晰了解市场和消费者的需求，并根据这些需求和流行趋势来策划和进行纹样设计。

一、调研和文案

所有的创意项目和纺织品纹样设计一样，都要求获得尽可能多的相关设计信息。要对最新的设计趋势、潮流动态，以及生活方式变化的调研报告进行收集整理，并从中细选出与设计项目相关的图片资料、个性与风格的文案信息以及核心主题概念，体现对时尚变化、流行资讯高度敏感的洞察力。

所谓时尚信息，可以来自网络、杂志以及一些专业的时尚出版物、展览目录、博物馆、商店、市场趋势以及行业协会的报告等。可以汲取前卫专业人士、国际主流媒体、大型设计公司的时尚理念。文案可以是创意的思路，也可以是设计的框架建构，同时也是设计师与设计师，设计师与客户沟通的一种载体（图1-5-1）。

二、流行趋势研究

流行趋势是指在一个时期内社会或某一群体中广泛流传的生活方式，在本书中主要指可能或即将成为服饰、家居时尚的某种潮流。了解、洞察甚

程中对题材、元素、色彩等的选择眼光和能力。品位还是一个比较玄的东西，是一种游离于无形的内在精神所在，很难通过有形的语言将其表达透彻。

五、绿色与个性的张扬

绿色设计是20世纪80年代末出现的一股国际设计潮流。绿色设计反映了人们对于现代科技文化所引起的环境及生态破坏的反思，同时也体现了设计师道德和社会责任心的回归。维克多·巴巴纳克在20世纪60年代出版的《为真实的世界设计》一书中提出：设计的最大作用并不是创造商业价值，也不是包装和风格方面的竞争，而是一种适当的社会变革过程中的元素。他同时强调设计应该认真考虑有限的地球资源的使用问题，并为保护地球的环境服务。绿色设计旨在保护自然资源、防止工业污染破坏生态平衡，绿色设计已成为一种极其重要的新趋向，得到了越来越多设计师的关注和认同（图1-4-7）。

绿色设计看似与纺织品纹样设计关系并不密切，其实不然。在设计理念上要摒弃花哨和可有可无的装饰，在纹样设计时可选用有利于环境保护和人体健康的生态材料；通过设计减少加工的环节，在生产时选择低能耗、无污染的生产技术，甚至是"未经加

至是创建流行趋势，是纺织品纹样设计师必须实施的工作步骤之一。流行趋势及流行主题可以成为设计师的创意指南和创意引导。从理论上说，时尚纺织品纹样的创意设计必须走在商业时尚的前沿，设计师必须具有对流行趋势认识的前瞻性。其一，专业性行业展会是设计师获取流行信息的来源之一，通过这类展会设计师至少可以提前一年接触到流行趋势的信息，使设计师与时尚产业的各个环节建立起联系，并可获得第一手相关的原创资讯，如纹样和色彩趋势与预测，纤维和面料的类型等。其二，走在流行前沿的方法是接近和关注时尚专业人士以及他们在时尚刊物上发表的文章和时尚趋势报告。其三，一些专门针对时尚纹样以及面料不同领域制定流行趋势的机构，也会给设计师提供诸如在纹样、色彩、材质以及其他一些可能会在下一季流行的方向（图1-5-2）。

三、图解化的思考

笔者不管是在教学环节还是具体的设计实践中，都十分强调图解思考的作用。所谓的图解思考就是在脑、手、笔的反复循环下，让草图成为表达创意思维、解决设计问题的创造性载体和过程。图解思考的"图"不要求很精致，主要目的是记录、阐述、传达设计师的设计理念和多种设计构思的拓展过程。这些图解化思考的目的就像故事情节的一个线索，必须清晰、易辨认。这些图解思考可以在稿纸上进行，也可以在数码设备上进行。使用数码设备的好处在于可以得到其他电子设备的支撑，如可以利用网络或数码相机、手机拍摄的图像，并且还可以通过电脑软件来完善和修饰图像。但不可否认的是，用铅笔、纸和拼贴手法或许能更为迅速和准确地表达设计师的激情和灵感（图1-5-3）。

四、灵感的整合与分析

纹样设计师需要坚持不懈地从各种渠道了解时尚界的信息，接受、汲取、感知信息中所反映的微妙审美和市场变化，将这些信息进行梳理、综合并纳入自己的创意主题中从而形成设计灵感。

收集时尚信息、材料和图片是纺织品纹样设计过程中至关重要的步骤。而灵感板也是一个产生与联结各种创意思维的工具，设计师常常运用灵感板来配合、补充图解思考，并将许多与设计主题相关的图片拼贴组合在一起，以清晰的视角感受灵感的启发。灵感板可以是图像资料与各种实物面料、色卡等的拼贴也可以是电子形式展示的综合图像。其中来自杂志、书籍、网络等的图片以及时尚样块，为设计师提供了提取、实现某种风格定位，激发创意思维的依据（图1-5-4）。

五、创意的过程与调整

在纺织品纹样设计中，纹样的理念创意支撑着整个设计的过程。在这个过程中需要设计师将他们的知识、直觉、感性以及通过不同渠道和方式获得的资讯付诸实践，直至获得他们

图1-5-1 通过时尚网站了解最新的时尚潮流
图1-5-2 专业性行业展会是设计师获取流行信息的重要来源之一

图1-5-1

图1-5-2

图1-5-3

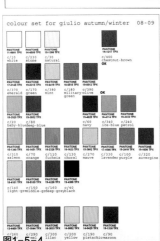

colour set for giulio autumn/winter   08-09

图1-5-4

想要传达的理念。如今创意变得越来越重要，因为产品竞争的已不仅仅是价格之争，品质和设计理念成为产品最重要的特征。因而，在纺织品纹样设计之初，需要从诸多灵感源中确定一种思路、理念，它们涵盖了设计的主题、纹样、色彩以及产品的工艺等，并与设计师的概念与叙事方式串联起来。还要考虑每个主题的各种可能性、原创性以及多样性，特别是消费者的需求。设计师的灵感来源、项目主题和设计意图的表达，既要具备大胆的创意、批判态度、综合能力，又要充满好奇心、灵活性、创新性、艺术性，当然还需要对技术知识和材料、工艺的认识，在此基础上对设计创意进行调整和完善。

六、设计表现的预设

现代的设计师很少会限定自己只使用一种技法来进行设计表现。设计师掌握的技法越多，也意味着实现设计理念的可能性越大。在纺织品纹样设计中能否成功地表达设计理念，取决于设计师对不同技法优势与局限性的理解、把握和恰当的预设。技法可以分为手绘表现技法与计算机表现技法等。手绘表现除了一般通用技法外，还有纺织品纹样设计中的一些特殊技法，另外还有包括拼贴和有质感的材料获得新颖的效果。基于电脑的计算机表现技法，可以通过各种软件对纹样进行图像的加工处理，也可以采取手绘与电脑结合的方式进行表现。

七、思考与练习

1. 从历史发展的角度简述纹样与图案的区别与关系。

2. 简述纺织品制作工艺对印花纹样设计的制约以及特征的形成。

3. 简述隋唐时期纺织品纹样中联珠团窠纹、陵阳公样的特征。

4. 简述西方"中国风纹样"的产生背景及特征。

5. 纺织品纹样的个性特征主要表现在哪几个方面。

图1-5-3 图解思考中以拼贴为主的方法
图1-5-4 设计灵感的整合与梳理

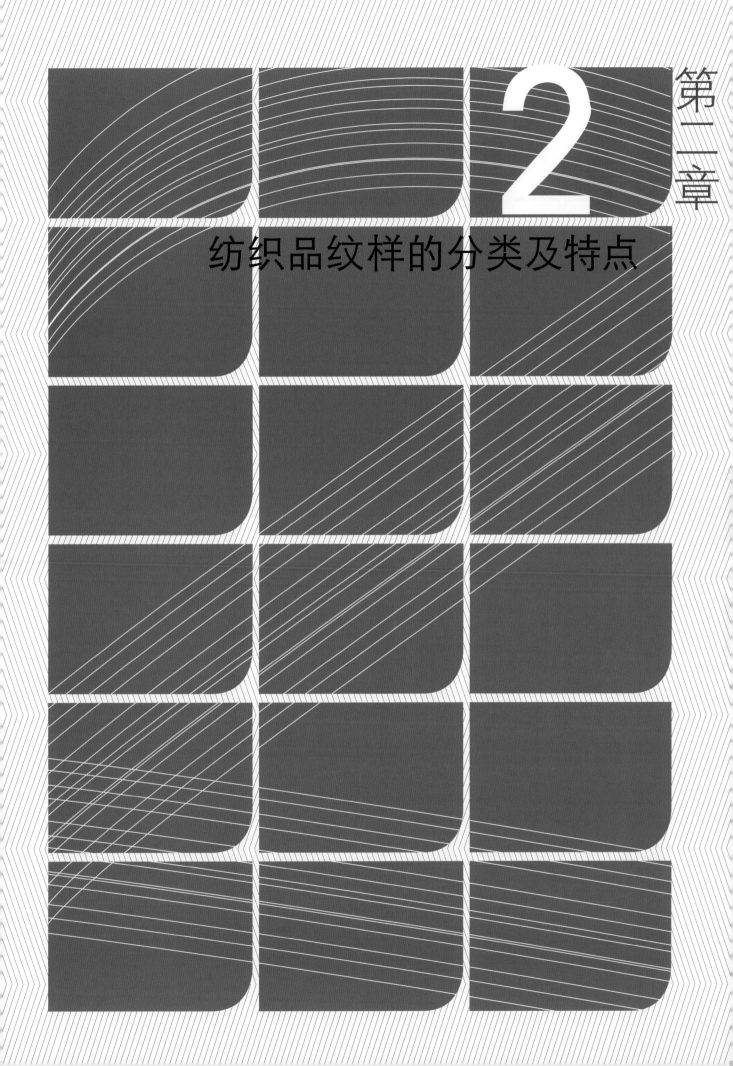

第二章

2

纺织品纹样的分类及特点

在第一章我们已经讲述了纺织品纹样的特征，其独特性的本质就是设计必须符合产业、工艺、消费者、设计风格的需要。为了更好地认知、理解纺织品纹样的内涵和外延，以及设计中对纹样的选择运用，较好适应消费和生产的要求，本章分六个部分来分别阐述纺织品纹样的分类概念及特点。

第一节 以产业类型为概念的分类

纺织品纹样的设计，无疑首先是针对不同的产业需求来选择不同的题材、方法。不同的产业对纹样、色彩的设计要求存在很大的差别，其次还要考虑到产业与时尚流行、生活方式等方面的关系，考虑设计引领时尚与适应市场需求之间的平衡等问题。以产业类型为概念的分类一般分为：服饰类纹样、家纺类纹样、交通工具类纹样和其他类纹样。

一、服饰类纹样

服饰纹样是纺织品纹样设计的重要组成部分之一，所谓的服饰纹样主要指用于各种服装与相关饰品的面料装饰设计。服饰面料是指展现服装主体特征的材料，从其使用的材料上可分为：棉型、麻型、丝型、毛型、化纤型面料等；从使用的对象可以分为：男装、女装、老年装、童装面料等；从其使用场合可以分为：晚装、正装、休闲装、运动装等。不同的材料、对象、使用场合的服饰纹样设计都必须根据相关流行趋势选择不同的主题、色彩和表现方法，相同的材料、对象、使用场合的服饰纹样设计还要考虑相异的消费定位、风格定位、情调定位等，在纹样加工方法上还有提花、印花、刺绣等不同的选择。服饰纹样在设计中主要运用的布局编排方法为二方连续、四方连续和定位纹样等。而服装类纹样设计的特征是：要根据服装面料的具体要求来安排单位纹样的大小和疏密，因为服装面料在服饰穿着过程中，并非完全平面的展示，需要更多考虑到各种服装对纹样设计的特定要求以及服饰裁剪和开片对纹样布局的影响等（图2-1-1）。

二、家纺类纹样

家纺类纹样，是指用于家用纺织品上的装饰纹样。家用纺织品包含的类型很多，具体可以分为十大类。1.巾——毛巾、浴巾、毛巾被、沙滩巾及其他盥洗织物；2.床——各种床上用品（图2-1-2）；3.厨——厨房、餐桌用的各种纺织品；4.帘——各种窗帘、装饰帘；5.艺——各种布艺、抽纱制品、布艺家具、玩具的面料，用于窗帘装饰的绳，各种垫类、花边等；6.毯——各种毯类，包括棉、毛、化纤、丝毯、地毯、装饰毯；7.帕——各种手帕、头巾；8.线带——各种原料的缝纫线、绣花线、各种带类；9.袋——各种纺织品类包、兜、袋（除产业用袋）；10.绒——各种静电植绒面料。在这十大类中，除了线带与纹样设计关联性不是十分紧密外，其他门类与纹样设计都关系密切。上述各类家纺产品中对纹样设计的要求，除了与相关室内空间、装饰风格、系列产品的配套、协调外，各类产品对纹样设计在规格、布局编排、使用特点方面，在主题、色彩与表现方法等方面都有相异的要求。如布艺类中的家具覆饰类产品的纹样设计，其使用的织物一般为针织物和机织物两大类。机织类中又包括印花布、色织提花织物。就色织提花织物而言又分为雪尼尔纱、花色纱大提花、双层织物大提花、粗支大提花、割绒大提花等。提花家具布在纹样设计上要求风格和花色上具有端庄富丽的气质，在一些传统装饰的环境中使用，能取得协调统一的装饰美感。而在印花纹样的设计中一般采用满底深、中色直接印花工艺。以花卉、几何纹样为主，花型偏大，要求简练自然，陪衬小花可组成条形花纹，分布在形的两侧，多套色，花型变化多端，色调要求素静，层次分明，有光泽，颜色以米色、咖啡色、金黄色为主，花回

图2-1-1 欧洲男性宫廷礼服的装饰纹样
图2-1-2 家纺类的床品纹样设计

图2-1-1

图2-1-2

有50-60 cm的，显现出一种现代、自由、浪漫的格调。地毯类产品的纹样同样需要根据不同的织造方法来设计，地毯织造一般分为：手工织地毯、机织地毯、栽绒地毯、粘合地毯、针织地毯、印花地毯等。如果对织造工艺和纹样设计特点不甚了解的话，很难设计出好的作品。

三、交通工具类纹样

交通工具纹样设计，主要指交通工具中使用的纺织品纹样设计，包括汽车、火车、飞机等交通工具中使用的覆盖类、窗帘类产品的纹样设计。如交通工具中的覆盖类产品的纹样设计，我们要更多考虑它的公共空间性、宽泛的使用适应性、耐脏性、视觉的稳定性等，因而一般多以抽象的几何纹样为主，色彩以淡灰或深灰系列为主（图2-1-3、2-1-4）。

四、其他类纹样

其他类纹样设计，主要指以纺织品为主要材料的陈设品设计，包括纺织品壁挂，以及旅游品等的纹样设计。

图2-1-3

图2-1-4

第二节 以生产方式为概念的分类

所谓生产方式，是指从纺织原料到成品的形成过程，包括特定组织方式、工艺方式、操作方式以及设计范式等。纺织品的生产方式种类繁复，每个大的分类下还包括若干子分类，在此只是选择最主要的生产方式加以概述。

一、印染纹样

在印染纹样中，按生产方式和工艺为概念，其纹样设计可分为：丝网印花、圆网印花、辊筒印花、拷花印花、烂花印花、防染印花、渗透印花、拔染印花、转移印花、数码印花等。除了转移印花、数码印花之外，其他印花生产方式由于制版、印制工艺以及

染料、助剂等特殊性，对纹样设计都有不同的限制。如在手工丝网印花以及圆网印花中，设计时必须从生产工艺以及生产成本的角度来考虑套色问题，不能无限制地增加套色，要尽量做到运用少套色获得多套色的效果；另如在辊筒印花中，因为刮浆刀需要直接与花筒紧密压合，为了保证刮浆刀的顺利运转和产品质量，在辊筒印花纹样设计中一般要避免使用较长的横线条。根据不同的工艺要求来切实做好纹样设计，是一位合格设计师必须具备的基本素质。当然，印染纹样中还包括各种手工印染的纹样设计，包括蜡染、扎染、夹缬和各类型板印花等（图2-2-1）。

二、提花纹样

提花纹样设计，是以经纬线的交织、浮沉来表现各种装饰形象的方式之一。熟谙提花纹样设计的造型技巧，不仅可以较好地在设计中再现材料美、肌理美，还可更好地体现织物的功能、结构、形态等。从使用功能角度说，织物组织形式中的三原组——平纹、斜纹、缎纹以不同的交织规律及表现形式，左右着织物最终的诸如软硬、疏密、松紧、厚薄等品貌个性。

从形态上看，织物提花中经纬线以特定规律相互浮沉交织所形成的织纹效果构成了不同于印花纹样的纹样形式。平纹是由经线和纬线交织的点状组织循环，斜纹是经或纬组织点连续而成的对角线斜向纹路，缎纹的特点是在织物中形成一些单独的、互不连续的组织点。在提花设计中，点（组织点）的形态不仅有平面的、立体的、大小形态的差异，还有色彩、质地的

区别。三原组织中的缎纹组织是交织点最少、经线（或纬线）浮线较长的组织。它所形成的缎纹织物具有平整、光滑的表面，使人感觉不到其经纬交织的框架结构，只能感觉到其典型的平面形态，这也是缎纹组织光泽夺目的主要原因。可见，在缎纹组织及类似的组织结构中，组织点没有成为视线凝聚的焦点，正由于它是如此含蓄，使得缎纹等这类织物的颗粒感、凹凸感很弱。相反，平纹组织是交织点最多、最密的，它所形成的平纹织物颗粒感极强，每一个经纬线的交织点，或浮或沉于表面，强烈地显示出立体形态（图2-2-2）。

图2-1-3　高铁座椅用双色提花织物
图2-1-4　高铁窗帘用提花织物
图2-2-1　现代转移印花的抱枕
图2-2-2　以经纬交织来显现纹样的提花织物

图2-2-1

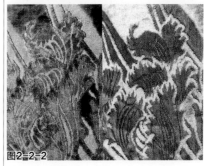

图2-2-2

三、刺绣纹样

刺绣一般来说分为纯手工刺绣、机械刺绣和电脑刺绣三大类，从刺绣的加工工艺上可分为彩绣、包梗绣、雕绣、贴布绣、钉珠绣、抽纱绣等。手工刺绣一般以陈设品为多，纹样设计比较写实，工艺细腻，讲究针法、丝线的光泽等；机械刺绣也称为小机绣，运用一般绣花机人工操作，其纹样设计的特点是可以比较写实，纹样布局自由，绣线换色方便。电脑刺绣分为9针28头、12针20头、6针60头、12针9头高速等，还可细分为平绣机、金片绣机、毛巾绣机、盘带绣机等，我们需要根据产品需求和绣机的特点来适当设计纹样（图2-2-3）。

四、编织纹样

在编织纹样中，最典型的为地毯和壁毯等。就地毯纹样设计而言，不同的样式有着相应的设计风格与要求。

北京式地毯，简称"京式"地毯。其构图为规矩对称的格律式，结构严谨，一般有奎龙、枝花、角云、大边、小边、外边的常规程式。图案工整对称、色调典雅，具有庄重古朴的艺术特点，且所有图案均具有独特的寓意和象征性，如龙、凤、福、寿、宝相花、回纹、博古等，并吸收织棉、刺绣、建筑、漆器等姐妹艺术的特点，构成寓意吉祥美好的画面。

美术式地毯以写实与变化的花草纹样，如月季、玫瑰、卷草、螺旋纹等为主要素材。采用较为灵活自由的形式，以花草与变化图案相互穿插。地毯中心常由一簇花卉构成椭圆形的图案，四周安排数层花环，外围毯边为两道或三道边锦纹样。美术式地毯具有格局富于变化、花团锦簇、形态优雅的特点，带有较多中西结合的现代装饰趣味（图2-2-4）。

其他还包括精巧细密有着异域风格的东方式地毯、自然灵动空灵传神的彩花式地毯、绞浮雕剪花底一色的凸式地毯、富丽堂皇金银线编织底的金丝挂毯，以及各国和少数民族的织毯、挂毯等（图2-2-5）。

第三节 以消费群体为概念的分类

消费群体是指有消费行为且具有一种或多种相同的特性或关系的群体。比如消费者收入水平相近、购物兴趣相同，或者年龄处于同一阶段，或者工作性质与职业相同等。本节且从消费群体基本属性的角度加以阐述。随着社会的发展，年龄的划分、性别的趋向似乎越来越模糊，但从纹样设计的角度来说，从创意到表现的过程中还是应该加以区别对待的。

一、青年纹样

青年的定义随着政治经济和社会文化环境的变更一直在变化。因社会文化、制度、经济和政治因素各不相同，不同国家对"青年"的实际定义和对该术语的理解存在着细微的差别，虽说联合国大会曾将"青年"定义为年龄介于15岁与24岁之间的人群，但在现实生活中，可能未超过45岁的都可以划入"青年"的范畴，而在纺织品纹样设计及消费者的选择中更是有扩大化的趋势。

从基本特征上分析，青年人具有相对的独立性、动态性、多元性、反叛性、边缘性的整体特征。在文化发展特征上还具有不稳定性、共通性、更新性和扩散性等特征，还存在着青年文化对主流文化的反思与叛逆。因而针对青年阶层的纺织品纹样设计，有必要根据相关产品和上述特征，谨慎选择题材、色彩与表现方法，把握潮流与反叛、青春与成熟、激进与保守、多元与个性之间的关系（图2-3-1）。

二、中年纹样

依据我国国情，一般将40~55岁的人群作为中年阶层。此类人往往伴随着知识、阅历、经济的不断积累，

图2-2-3　日本和服的刺绣纹样
图2-2-4　白底蓝花纹样美术式地毯
图2-2-5　野女与独角兽编织挂毯

图2-2-3

图2-2-4

图2-2-5

图2-3-1

图2-3-2

生活经验日益丰富，已经具有比较成熟的生活观念。他们能独立自主地进行观察和思维，组织、决定并调整自己生活的目标和途径。此群体自我意识明确，对时尚有"自知之明"的见解，

图2-3-3

不管是在服装或家纺产品的纹样选择中都较为明智，知道有所为和有所不为。因而在中年阶层的纺织品纹样设计中，把握好此阶层的心理和审美特征尤为重要，在整体风格和色彩表现上可以在趋向成熟中蕴含激情，在理智中不失探索。在纹样题材选择上既要有个性又要适当顾及时尚，既要有品位又要避免刻板（图2-3-2）。

三、老年纹样

按照国际规定，60周岁以上的人确定为老年。随着我国人口老龄化加剧，老年阶层已经成为不可忽视的消费群体。从老年阶层纺织品纹样设计的角度来看，一般来说题材偏于传统，色彩偏深灰。但现代社会的发展，使老年人的思想意识也发生了较大的变化，现代题材和鲜艳色彩的纹样在老年阶层消费中的比例不断攀升，特别是在大中城市更为明显。因而老年纹样的时尚化、年轻化已经成为纹样设计中

图2-3-1　青年女性的服饰纹样
图2-3-2　色彩稳重的中年女性纹样
图2-3-3　深色为主的老年纹样

必须重视的一个研究课题（图2-3-3）。

四、儿童纹样

国际《儿童权利公约》界定儿童是指18岁以下的任何人。但从纹样设计的角度看，一般定义在初中以下的人群，也即人们常说的"祖国的花朵"。儿童纹样是纺织品纹样设计中的大类之一，不管是在服饰纹样还是家纺纹样中都是如此。儿童纹样一般强调以题材活泼、生动，有一定的寓意，色彩鲜艳、识别性强。动物纹样、稚趣的花卉纹样、动画纹样、几何纹样是常用的题材（图2-3-4）。

儿童纹样的设计必须从儿童心理的特点出发。一般儿童都具有丰富的想象力，纹样设计应该去激发和推动这种想象力的发展，常用出题性、引导性和富有幻想性的题材，使孩子们

在品味各种纹样的同时，可以插上想象的翅膀，在不同的纹样故事中获得丰富多彩的想象。儿童具有强烈的求知欲望和好奇心理，儿童纹样的设计还要求具有丰富的知识性、情节性与故事性，通过故事的形式让儿童了解世界上发生的事情。现在各种儿童动画片甚至是儿童电脑游戏的人物、场景都成为儿童纹样的题材。此外，体育、水果、建筑、文字、儿童绘画、玩具、迪士尼的卡通片、旅游都是儿童纹样的极好题材。

五、女性纹样

女性是纺织品的主要消费群体，女性纹样是纺织品纹样设计中最受关注的一个部分。在纺织品纹样中女性专属的花卉纹样占有大半江山，而其他相关纹样也基本是围绕女性的喜好、流行、使用来展开。不管是作为纹样设计师还是纺织品生产、销售者，对女性时尚纹样的发展、趋向的研究和关注，都是重中之重的焦点。女性消费群体的多元性，决定了女性纹样在题材、风格、色彩等方面的丰富性、容纳性和百花齐放（图2-3-5）。

六、男性纹样

与女性纹样相比而言，男性纺织品纹样要单纯很多，其纹样主要是针对衬衣、西装、休闲服及服饰品面料等，以条格、小型几何纹样、器物纹样等为主。当然现代男性女性化的趋向使

男装面料纹样中花卉、抽象纹样的使用也逐渐增多（图2-3-6）。

第四节 以题材为概念的分类

纹样题材是纹样研究与纹样设计中必然涉及也是论及最多的问题之一。题材是表现纹样主题思想的素材，通常是指那些经过集中、取舍、提炼而进入纹样的自然植物、动物或人为的事物、生活事件或生活现象

一、花卉纹样

花卉作为美的象征，无论在建筑、绘画和各种装饰艺术中，都被作为一种永恒的题材。它不但抒发着艺术家的情怀，传递着时代的律动，也表达了消费者对它的喜爱，花卉纹样在纺织品的题材中也占有十分重要的地位。从形式上主要可分为抽象花卉、写意花卉和写实花卉。从色彩色调上可分为单色花卉、浅白底花卉、深底花卉、同色深浅调花卉、粉色花卉、深色调花卉等。

我国是运用花卉纹样最早的国家。到了唐代，花卉纹样更趋成熟，当时已出现了朵花、簇花、团花、鸟衔花、棱子花等花卉纹样。以后又出现了以百菊、芙蓉、海棠、山楂、桃花、水仙为题的花卉纹样。茱萸等植物据说能避邪，在花卉纹样自然用得更为广泛。印度、波斯和东南亚一些国家的织物纹样多数是起源于对生命之树的信仰，因此花卉对他们显得更为重要。印度和波斯常常以石榴、百合、菠萝、蔷薇、风信子、椰子、玫瑰和菖蒲为题展开，印度和波斯以及阿拉伯地区的纹样多以花卉构成为主。中国和印度的花卉纹样对欧洲曾经造成极大的影响，并成为欧洲早期纺织品纹样的样板。18世纪苏格兰人发明了铜辊印花，铜版蚀刻的花卉和写实花卉开始流行。莫里斯和新艺术风格的装饰花卉在19世

图2-3-4　动物纹样的儿童家纺面料
图2-3-5　以花卉为主的女性服饰纹样
图2-3-6　以几何及抽象纹样为主的男性纹样

图2-3-4

图2-3-6

图2-3-5

图2-4-1

图2-4-2

纪末的欧洲流行起来。野兽派画家杜飞的写意花卉出现后花卉纹样出现了新的生机,下面列举主要的几种类型:

(一)簇叶纹样

以植物叶子独立成为装饰纹样的形象,在欧洲是屡见不鲜的,特别是在建筑装饰上运用更多。古代欧洲建筑中到处都能看到的莨苕叶装饰、甘蓝叶装饰、橄榄叶装饰、香菜叶装饰、蓟叶装饰、波浪形叶饰等不胜枚举。在纺织品纹样中叶子纹样也经常出现,17世纪在欧洲出现的巴洛克纹样中就有很多莨苕叶状和棕榈叶形的装饰。最近几年,在欧洲和世界各地都大量出现仅以植物叶子为题材的纹样。自然界各种形态的植物叶子都能作为纺织品纹样的素材,无论是梧桐树叶或是玫瑰花叶、枫叶等(图2-4-1)。

(二)折枝纹样

折枝纹样是描绘植物局部枝叶或一组枝叶的表现形式,也泛指以单独或组合方式表现花与枝叶结合的纹样类型。折枝纹样虽然表现的是某一花卉或植物的局部,但需要强调有较为完整的姿态、布局以及花朵与枝叶的造型关系。其表现可以是写实的穿插,也可以是装饰性的平铺。折枝纹样我们可以视为一个单独纹样,也可以视为纺织连续纹样中的一个单位纹,一般以单独的折枝进行多样的穿插排列,可以形成完整纹样表现。折枝纹样历史悠久,我国河姆渡时期出土的盆栽五叶植物,或许是最早期的折枝纹样。汉代织物上的葡萄纹已经是折枝基础上发展起来的连续纹样了。唐代在折枝纹样基础上发展起来的连续纹样更加灵活多变、圆满繁复,气势跌宕。明清时期更是把折枝纹样发展成一种极为普遍的使用在刺绣、印染、提花等设计之上的装饰样式。折枝花设计非常讲究花朵与枝叶之间的关系,枝干的走向是设计中最需用心考虑的造型因素,对它的表现直接决定了形与形之间的整体结构,传统的折枝花设计中,着重于花型和枝干的美学形式,并在诸多变化中求得统一性,现代设计多追求枝干的单一走向,花型多以正面展开,强调花型的整体感(图2-4-2)。

(三)标本花卉纹样

在国外纹样发展历史的介绍中,我们就谈及了英国植物学家有克里斯托夫·德莱塞开创了从植物学角度去描绘花卉的先河。1882年,德莱塞在伦敦开设了设计事务所,作为一名设计家活跃在设计艺术界。同时,他又作为作家,出版了《植物学初步》《多样性中的统一》《装饰纹样技法》等著作。前两册是为美术学生而写的,说明植物学研究对纹样设计起到的特殊的作用。德莱塞不仅对"植物生理学"有研究,而且对"植物的构造"更感兴趣,极力主张将植物形态运用到艺术创作中去。他曾十分仔细观察植物,以便准确掌握描绘植物外形的写生技巧。为明确表现植物构造,他绘制的植物写生图中,详尽描绘植物的外观形态和剖面细节,使设计者看到这些写生图,会自然地涌现出新的设计灵感。此类花卉人们一般称为标本花卉或博物馆花卉。标本花卉20世纪60年代和80年代初在欧洲的纺织品纹样中得到再次流行。标本花卉纹样要求设计者具有良好的绘画技巧,它要求把花卉的枝、叶、花瓣、花蕾、花蕊等十分准确地记录下来,枝和叶的长势,叶脉的走向都要交代清楚。纹样一般用黑线或彩色线条十分工整地勾勒出来,再进行上色和渲染等。色彩一般要求淡雅柔和,但采用的色系

图2-4-1 以叶子为元素的簇叶纹样
图2-4-2 折枝服饰面料纹样

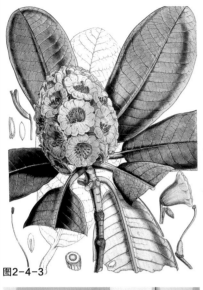

图2-4-3

图2-4-4

飞的花卉纹样形象夸张变形，色彩强烈明快，线条质朴简洁，具有强烈的装饰效果。杜飞的写意花卉纹样出现后，纹样设计家们纷纷出来效仿他的手法和风格，于是出现了用不同材料和不同风格的写意花卉纹样，如擦笔花卉，主要采用蜡笔、油画棒和彩色粉笔在粗糙的纸张上留下了阵阵"飞白"，粗犷豪放，妙趣横生，是写意花卉中经常使用的方法和重要的派路（图2-4-5、图2-4-6）。

（五）泼墨花卉纹样

从20世纪初起，无论是浪漫主义也好，现代派艺术也好，都十分重视从东方艺术中寻找和发现美的形式，好多艺术家对中国的书法和泼墨画十分感兴趣。泼墨花卉纹样就是在中国泼墨花卉画的影响下产生的，纹样可用水粉色或水彩在画纸上随意泼洒，用色自如（图2-4-7）。20世纪60年代的中国设计师在丝绸设计上也常用这种方法（图2-4-8）。

（六）水彩花卉纹样

采用水彩写意的方法来描绘花卉或者采用活性染料在喷洒清水后的纸上作画。纹样画完以后再撒上几点清水留下几片水迹，斑驳陆离，妙趣横生（图2-4-9）。

很广，从粉色系列到鲜艳色系列都有，大多以平涂勾线或稍加渲染的形式出现。在制版技术数码化的今天，标本花卉纹样也得到进一步发挥，甚至可以使用照片进行加工来获得更为写实的效果。以标本花卉作为装饰的纺织品纹样较受消费者的青睐（图2-4-3、图2-4-4）。

（四）写意花卉纹样

在20世纪以前，西方纺织品中的花卉纹样基本采用写实的手法。1911年由于"野兽派"画家杜飞参加了里昂"BIANCHINI"丝织业商社和巴黎的"PARIS FABRIC HOUSE"的织物印花纹样的设计工作，印花织物的花卉纹样出现惊人的变化。杜飞首先运用印象派与野兽派的写意手法，他采用大胆简练的笔触，粗犷豪放的干笔，恣意挥洒地平涂色块，然后用流畅飘逸的钢笔线条勾勒出写意的轮廓。杜

图2-4-3 典型的标本花卉样式
图2-4-4 标本花卉纹样的床品设计
图2-4-5 粗犷豪放的干笔与简洁勾线的写意花卉
图2-4-6 用飞白和笔触表现结构的写意花卉
图2-4-7 法国泼墨式花卉纹样 20世纪30-60年代
图2-4-8 中国丝绸设计中的泼墨式花卉 20世纪60年代

图2-4-5

图2-4-6

图2-4-7

图2-4-8

图2-4-9

图2-4-10

图2-4-11

图2-4-9　情趣横生水迹斑驳的水彩纹样
图2-4-10　浆糊的开裂会产生不同形态的龟裂
图2-4-11　欧洲写实花卉纹样　18世纪末
图2-4-12　唐　天蓝底宝相花纹锦
图2-4-13　家用纺织品中的束花花卉

（七）浆糊花卉纹样

在水粉色中溶进一定量的CMC浆糊（羧甲基纤维素浆糊），然后用这种颜料在纸上快速地描绘花卉纹样。待水粉色快干未干的时候再用另一张纸覆盖在画上，然后揭去，纹样上出现厚薄不匀的现象带来一种特殊的韵味。也可以采用这种调入浆糊的颜料，厚厚地铺设底纹或花卉形象，颜料干透后会出现细密的裂纹，与水彩或水粉描绘的部分产生干湿、厚薄的趣味对比（图2-4-10）。

（八）写实花卉纹样

我国传统的工笔花卉画就是写实的花卉纹样的一种，用手绘的方式在丝绸上作画可能在周以前已经出现了。古希腊史学家梅格斯顿（公元前350-前280）曾记载着："中国盛产野花似的纹样、豪华的衣料。"说明我国在二千多年以前已经出现印有"写实花卉纹样"的丝绸出口到希腊了，正是由于我国花鸟纹样的传入，才打破了几何纹样在欧洲纺织品纹样中占统治地位的局面。1783年，苏格兰人Thomas Beel发明了铜辊印花。以后，欧洲又出现了丝网印花工艺，使写实花卉的设计能够发挥得更加淋漓尽致，欧洲绘画中讲究写实与立体感的传统技法也融入了写实花卉纹样的技法中

去。20世纪60年代世界上流行的喷笔花卉，也是写实花卉的一种表现技法。80年代初世界又出现田园花卉纹样的流行，田园花卉纹样主要采用写实的手法把多种花卉一起组合在画面上，表现得疏密有致、繁而不乱、生动得体（图2-4-11）。

（九）装饰性花卉纹样

我国古代的印花装饰纹样，由于审美趋向及设备和技术的局限性，一般都是采用装饰性的手法，即非写实性的花卉纹样。阿拉伯卷草纹样和印度植物纹样是世界最早最完美的装饰性花卉纹样之一。直至今日，在世界纺织品纹样中仍然保持着强有力的生命力。装饰性花卉主要把自然的花卉经过高度的概括和提炼，用或繁或简的手法来表现的。迪科的装饰平涂花卉就是以"简"的手法来进行表现的典范之一，印度植物纹样则以多重线条和花中添花的手法来展示它的装饰性，是"繁"的一种形式（图2-4-12）。

（十）束花花卉纹样

束花花卉经常被组合成束状，

再加上飘扬的缎带和由缎带、花边结成蝴蝶结，用花篮形式表现束花花卉也是常见的形式。花束纹样能使人联想到浪漫、礼物、春天。铃兰、紫罗兰深受西方消费者钟爱。而缎带、花边的飘逸和转折营造出的高光、阴影，增添了生机和立体感（图2-4-13）。

（十一）花环花卉纹样

在欧洲"桂冠"是至高的荣誉，古代希腊人将其授予杰出的诗人或竞技的优胜者，后来欧洲习俗将桂冠视为荣耀之物。用"桂冠"和"花环"形式来表现花卉纹样自然也出现在纺织品纹样之中。花环花卉纹样要求精美纤丽，排列整齐规则，有华丽荣耀之感（图2-4-14）。

（十二）团花花卉纹样

用团花组成的花卉纹样在我国唐代已经出现了，当时主要是以散点、平涂纹样花为主。现代的团花纹样多以写实或装饰性花卉出现，并且散点的形式多样，表现手法丰富（图2-4-15）。

037

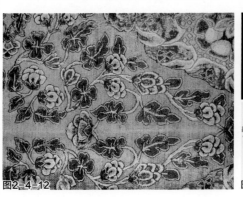

图2-4-12

图2-4-13

（十三）簇花花卉纹样

把中小型的花卉聚合成簇状，再把这种簇状花卉一组组地作散点排列，这种花卉纹样在西方花卉纹样中比较常见。其中还包括有体现人类思维天理性的花圃纹样（图2-4-16）。

（十四）自由花卉纹样

自由花卉纹样起源于英国伦敦的自由解放，它由一家1875年成立的英国纺织公司命名而成，随后由美国设计师设计成自由花卉纹样，同时它变成了美国服装市场上的传统纹样。伦敦的自由解放运动中产生了许多创新纹样，其中最为典型的是William Morris先生创作的自由花卉纹样。

传统的自由花型纹样通常很精细，其色彩选择的范围也很广，从无光色到鲜艳色，根据流行趋势的要求细心地挑选。纹样的底色采用另一种色彩，其范围从鲜艳色到卡其色到黑均能选用。自由纹样的构图是多样化的，可清地，也可满底，可松散，也可紧密。自由纹样要求设计师们具有良好的绘画技能。其花型通常为小型或中型花卉，但要求落笔准确，描绘精细（图2-4-17）。

二、动物纹样

在纺织品纹样中，动物纹样的运用虽不如花卉纹样多，但也是常用纹样之一。动物与人类活动密切相关，动物种类繁多，本节主要介绍与纺织品纹样相关的主要种类。

（一）禽鸟纹样

禽鸟纹样，也称鸟类纹样，禽鸟类一般分为：游禽、涉禽、攀禽、陆禽、猛禽、鸣禽六大类，在纺织品纹样中都有涉及。作为最常见和人类运用最早的动物纹样之一，在中国古代仰韶文化时期就有出现，如"鹳衔鱼纹彩陶缸"中就出现了鹳鸟纹样，河姆渡文化中的双头鸟纹样，商代以后青铜器、玉器中出现的凤鸟纹样。进入春秋战国以后，鸟类纹样更加频繁地出现在各种纺织品的装饰之中，如战国时期的"夔凤人物帛画"，十六国的"鸟龙卷草纹绣"，隋唐的"联珠孔雀'贵'字纹锦""联珠雁纹锦""鸟衔瑞花锦""对稚夹缬"，宋代的"灵鹫毯路纹锦""缂丝紫鸾鹊谱"，元代的"龙凤纹织锦""飞凤纹刺绣"，明代的"云鹤纹妆花纱""凤穿花刺绣""瑞鹊衔花锦"，清代的"凤穿牡丹锦""飞凤舞龙锦""喜上眉梢"蓝印花布等（图2-4-18）。

在国外纺织品纹样中，禽鸟纹样同样深受消费者欢迎。

禽鸟纹样可以单独使用，但大部分与花卉结合，能给人带来花香鸟语、亲近自然的视觉和心理感受。设计禽鸟纹样必须对鸟类的结构、羽毛的表现技法有较好的把握，不但要画出形态，更要画出鸟的神态和动感。

和禽鸟纹样相关的另一类纹样是羽毛纹样。羽毛在人类历史上一直是十分重要的装饰品，欧洲人常常用珍贵羽毛来加工服装。直至今天，在美国西部的印第安人，南太平洋岛屿国家的一些居民仍把羽毛做成头饰来装饰自己，据说还是一种威武的象征。我国有些民族地区的居民也有用羽毛来装饰自己的习惯，羽毛纹样还经常

图2-4-14

图2-4-15

图2-4-14　欧洲家用纺织品纹样 18世纪末
图2-4-15　欧洲机印花布中的团花纹样

图2-4-17

图2-4-18

图2-4-16 吸收花圃造型的欧洲家纺纹样
18世纪中叶
图2-4-17 绘画精细的自由花卉纹样
图2-4-18 明 金底缂丝鸂凤牡丹

出现在各类纺织品中。在羽毛类纹样中，孔雀羽毛是运用较多的一种。其表现形式可以写实，也可以用纹样式的装饰，甚至是写意和抽象手法来表现（图2-4-19、图2-4-20）。

（二）走兽纹样

人类早期尝试描绘的是动物而不是植物，人类对走兽图像的表现已有几千年的历史，从世界艺术史中我们可以找到大量的走兽纹样。在纺织品纹样中，运用比较多的走兽纹样有猫、狗、虎、豹、狮、马、牛、羊、猴、兔、大象、长颈鹿等。兽类纹样的表现可以从动物本身的动态与习性入手，如威猛彪悍的虎豹，沉静温顺的骆驼和牛，活泼可爱的狗、猫、兔等；可从造型上强调头部器官刻画，抓住动物瞬间动态的表现，结合外形的剪影概

图2-4-16

括、皮毛的卷曲线条、形体的夸张变形，以呈现兽类相异的造型特征。走兽纹样是儿童纹样中最常见的纹样内容。设计师更多表现的是动物的可爱、顽皮、善良的一面，使家居和服饰纹样与儿童的天性和谐统一。在提倡生态环保的理念下，走兽纹样也成为追求生态平衡、绿色时尚的题材（图2-4-21、图2-4-22）。

（三）昆虫纹样

昆虫种类繁多、形态各异，是地球上数量最多的动物种群，它们的踪迹几乎遍布世界的每一个角落。在纺织品纹样中，昆虫纹样一般选择较为有特点和可爱的种类，如蝴蝶、蜻蜓、金龟子、七星瓢虫等，昆虫纹样也常常和花卉纹样结合，获得美不胜收的视觉效果。

在昆虫纹样中，最具代表性的无疑是蝴蝶纹样。蝴蝶一般色彩鲜艳，身上有好多条纹，色彩较丰富，翅膀和身体有各种花斑。蝴蝶灵巧美丽的身形，变化无穷的翅膀，在纺织品纹

样中以抽象、具象、小写意、大写意的各种手法被展现在不同的画面中。它们常常被人们视为自然的可爱生灵，表达为友谊、至爱的象征。

在中国，蝴蝶纹样大约在宋代开始流行，宋朝宫廷画中，花鸟画占多半，其中就不乏蝴蝶的身影。在蝴蝶纹样的表现中，不仅有春暖花开，蝴蝶粉翅翩飞，成对戏于花蕊的情形，也有在虚幻与真实中，蝴蝶醉舞花中，色彩斑斓，舞态多姿。在中国古代，蝴蝶是浪漫多情的，其形象又与坚贞的爱情联系到一起，寄寓美满的爱情。在文学作品中，蝶恋花，花恋蝶都表现的是姜衣化蝶，心随君，朝朝同的意境。

在西方纹样中，古埃及就有圣甲虫纹样，古埃及人认为圣甲虫拥有坚持、无畏、勇敢和勤劳的精神，是它们为世界带来了光明和希望。它们的身体外面套着闪出青铜色或者弱翠绿或者深蓝色光芒的盔甲。现在，在欧洲的时装服饰面料中，圣甲虫纹样仍然得

图2-4-19　各种风格印花禽鸟纹样
图2-4-20　写实方法的现代墙布纹样
图2-4-21　动物纹样的现代墙布设计
图2-4-22　现代印花动物纹样

图2-4-20

图2-4-21

图2-4-22

图2-4-19

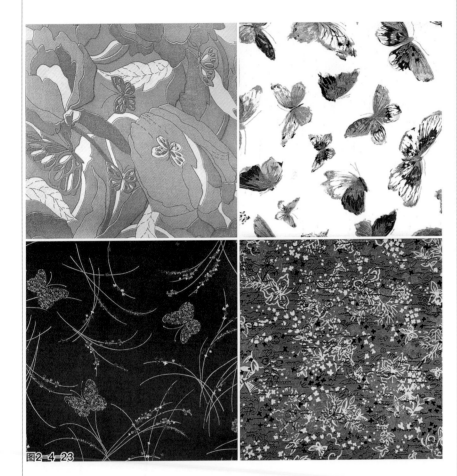

图2-4-23

到消费者的喜爱。

在中国少数民族的纺织品纹样中，蝴蝶也是备受喜爱的题材之一。在苗族的蜡染和刺绣中，常常表现蝴蝶与苗族的祖先的故事。在服饰、首饰、生活用品等几乎所有的装饰上都可以看到蝴蝶的纹样造型。

在20世纪60-70年代的丝绸纹样中，蝴蝶纹样也得到了进一步的发扬光大。这个阶段的蝴蝶纹样吸收了西方和现代的表现方法，将蝴蝶与花卉融为一体，夸张化的表现也使得蝴蝶纹样更具艺术的感染力和丝绸提花纹样的特征（图2-4-23）。

（四）水生动物纹样

水生动物指在物种进化中未曾脱离水中生活的水生动物，也有像鲸鱼和水生昆虫之类，由陆生动物转化成水生动物的水生动物。水生动物最常见的是鱼，此外还有腔肠动物如海葵，水母和珊瑚虫，软体动物如乌贼、螺和章鱼，甲壳动物如虾和蟹等，其他动物如海豚和鲸（哺乳动物）等。水生动物纹样在纺织品纹样中的运用也

比较常见，如鱼类本身就有装饰性比较强的鱼鳞纹以及各种漂亮的色彩，特别是热带鱼，它们的造型各异，姿态优美，非常适合入画。虾、蟹、水母、珊瑚等品种丰富，也是人们非常熟悉的纹样题材。水生动物多用于儿童纹样、女性服饰纹样、休闲服纹样和餐厨类家纺纹样等（图2-4-24）。

（五）贝类纹样

从很远的古代，贝壳就与人类结下了不解之缘。当人类还处于原始时代时，人们就用贝壳来装饰自己。贝壳在人类的历史上曾经充当过货币，中国文字凡是牵涉到钱的有很多是以贝字为部首的，可见贝壳身份之高贵。17、18世纪以意大利为开端，在欧洲风行一个多世纪的巴洛克纹样，以及以法国为开端，流行差不多也是一个世纪的洛可可装饰纹样都是因为对贝壳天然曲线之美的追求而出现的，洛可可一词本身也就含有贝壳华丽之意。随着科学的发展，人们探索海底世界之谜的热情越来越高涨，这就引起了贝壳纹样的流行趋势。另外贝壳纹样

的运用也从另外一个角度反映了现代人们对自然、大海的向往（图2-4-25）。

三、风俗纹样

19世纪出现于欧洲的风俗画派，以描写家庭生活、民俗世态为题材。20世纪60年代以风俗画为母题的纺织品纹样在欧洲风靡一时，80年代再度流行，风俗纹样在服饰和家纺产品中占有一定的比例，并多为历史题材的纹样。风俗纹样常常描绘的是人们日常生活中常见的实物或场景，例如街头小景、家庭生活场面、舞蹈、音乐会、狩猎、游戏、日常用具、交通工具、文字等内容。部分纹样为利用一些著名的风俗画变化而成，以满足人们对异域风情文化的好奇和探究心理。在中国传统纺织品种也有类似的

图2-4-23 四种不同风格的蝴蝶纹样
图2-4-24 鱼尾元素的服饰纹样
图2-4-25 贝壳为主要元素的印花纹样

041

图2-4-24

图2-4-25

图2-4-26

图2-4-27

图2-4-28

图2-4-29

纹样，如一些民间刺绣中，就有春游、秋趣等纹样，也有以书法为题材的一些刺绣小品。

（一）树形纹样

在东西方纹样的发展历史中，树形纹样也是重要的题材之一。如我国战国时期的"宴乐采桑水陆攻战铜壶"上的桑树；曾侯乙墓衣箱漆画上的"通天树"；春秋战国时期半瓦当上的树纹；汉代画像石上的树形纹样。南朝时期的"竹林七贤与荣启期"拼镶砖画中的树形纹样，更是其中的典型，不仅树形优美，穿插有度，也很好配合了人物形态与个性的表现。敦煌莫高窟壁画中各种与佛教相关的树形纹样美不胜收。国外纹样史中有印度和维多利亚时期纹样中的"生命树"；西方纹样中《贵夫人和独角兽》壁毯中，就有佟树、栎树、橘树、松树、蔷薇等纹样。法国朱伊花布纹样中，西方园林中的各种树木纹样都有表现。树形纹样具有较强的方向感，在表现中分为对称和平衡两个大类，一般树干、枝叶和花朵等交相呼应，通过疏密、大小等对比来表现树形纹样的造型美、姿态美、生命美、节奏美等。

在现代纺织品中，树形纹样除了运用于服饰产品外，在墙布、窗帘和装饰布上运用较多，分为写实和装饰两大类，还经常与动物及天文纹样配合使用（图2-4-26、图2-4-27）。

（二）果实纹样

果实可以分为肉质果和干果两类，我们在纹样设计中涉及比较多的是肉质果。肉质果常见的有浆果——忍冬、葡萄等；核果——桃、李等；柑果——柑橘、柚等；梨果——梨和苹果等；瓠果——南瓜、西瓜等。果实纹样在中外纹样中运用广泛，如中国古代吉祥纹样中的瓜瓞绵绵（南瓜）、福寿三多（桃、佛手、灵芝）、五蝠捧桃（桃）、连中三元（荔枝、核桃、桂圆）、事事平安（柿子）等。在国外餐厅用纺织品中，果实纹样使用很普

遍，在桌布、餐垫、窗帘、烤箱手套等产品上，实用类水果纹样的使用不仅能起到很好的装饰作用，也能起到提高食欲的作用。水果纹样的设计一般为采用多品种折枝的结合、水果与餐具的结合、水果的散点布局等。表现方法可以写实或装饰，也可以是水果的切片或剖面。色彩一般运用水果的本色，或使用同一色调。在服饰纹样中，水果纹样也是常用的题材之一（图2-4-28、图2-4-29）。

（三）风景纹样

风景纹样主要是指自然或人文景观构成的图形。自然景观包括：大地天空、山川岩石、树木森林、江河溪涧、飞瀑流泉、流云天象等，人文景观包括：宫殿、城堡、园林、亭、楼、阁、榭、轩、斋、舫、廊、塔等。由于地域与文化的差异，风景纹样成为表现地域与民俗文化风情的载体，不同国家和地区的景观为风景纹样创作提供了丰富的图像资源。在中国，早期的刺绣风景多被用以烘托花草动物，到了清代开始出现织造风景的丝绸。多样的刺绣手法加强了风景纹样的表现力，亭台楼阁、柳岸曲桥，烘托人物的湖山景色，或是把戏曲与传说故事中的人物置于一派景色中来叙述。在枕顶、床沿等家居纺织品纹样以及女子马面裙、上装的挽袖、荷包等服饰品中内景纹样也并不少见。1922年由都锦生先生命名创办的杭州都锦生丝织厂，以风景织锦缎闻名遐迩。写实的黑白照片式风景织锦，曾是20世纪50-70年代中国家居墙面最时髦的装饰品。欧洲纹样中表现知名或地标建筑的风景纹样经常出现在墙布、家具布等产品装饰之上。16-18世纪的朱伊花布中的"中国风纹样"也描绘了想象中的中国亭台楼阁等风景纹样。现代的纺织产品中的风景纹样除了出现在服装和家纺产品中，更多地出现在旅游纪念品、T恤衫等产品中。风景纹样具有写实和装饰两大类，写实纹样强调透视和空间层次的表现，装饰纹样则更强调人文特征的表达（图2-4-30）。

（四）器具纹样

器具一般指能够方便人们完成工

图2-4-26　现代风景墙布设计纹样
图2-4-27　中国趣味的墙布纹样设计
图2-4-28　现代家纺中的树形纹样设计
图2-4-29　以各种水果构成的现代家纺纹样设计

作或生活中使用的物品。包括：器皿、工具、乐器、文化用品、生活用品等。在纺织品中常见的器具纹样有中外各种花瓶、花篮、花器；盛放食品的盘碟、餐具；中外各种类型的钟表，特别是古董类的钟表；各种形态的乐器，甚至是谱架等；不同风格的各色家具；科学仪器，如显微镜、计量器等纹样。器具类纹样有单独表现，也常与相关的元素同时表现，如花瓶、花篮、花器与花卉、植物；盘碟、餐具与水果、面包、冰激凌等。体育器具中的网球拍、乒乓球拍、棒球和棒球棒、运动鞋纹样；文具用品中的打字机、电脑、文房四宝纹样等。器具纹样的设计重点是强调生活的意趣、情调，让消费者在使用中获得认同感和幸福感。器具纹样主要用于休闲服饰和家用纺织品中（图2-4-31）。

（五）文字纹样

文字本身也是一种纹样，文字的创造是以图画即象形文字开始的。文字在家用纺织品上的应用已有十分悠久的历史，在我国古代织锦中就有文字纹样了。我国劳动人民喜欢用吉祥如意的文字穿插在花卉纹样之中，用各种书体组成的百寿图等应用十分广泛。在欧洲也很早就出现了用花体字组成的像平面构成排列的字母纹样。20世纪60年代美国出现了概念艺术，在布上草草画上几笔或用一大段文字来表示这种概念。这种艺术潮流对文字纹样有很大的影响。用印刷字体组成的文字纹样或用草体字组成的文字纹样在欧美都相当流行。在文字类纹样中，数学题解纹样，物理、化学公式纹样，也以它们的智慧和诙谐的特征而受到部分消费者的喜爱（图2-4-32、图2-4-33）。

（六）人物纹样

一般指以人为主题的纹样题材。在人物纹样中，可以是对各种人物姿态的描绘，也可以是对人们生活场景、细节的呈现，可以是古代、域外的人物形象，也可以是现代个性化的生活写照。戏剧、小说、插图、绘画、游戏等艺术形式中的人物形象也常常是纺织品纹样设计借鉴的元素。中国民间一直有把人物纹样应用在枕顶、帐檐、被面等家纺用品以及肚兜荷包、衣帽等服饰用品上的习惯，仕女、仙人、孩童等人物造型，十分丰富。在欧洲18世纪的印染面料中，也十分流行人物纹样，具代表性的有法国的朱伊花布等。将人物纹样运用到墙布、家居布、服饰面料之中，表现不同时代、不同国家、不同地域人物的生活习俗，展现特定的民俗故事或文化意味，或强调人物造型特征，装束特征，不但丰富了纺织品纹样的题材，也可以让消费者在使用中了解和欣赏到世界各国和地区的风土人情。现代数码技术为写真人物造型提供了方便，照相写真样式的肖像也出现在时尚T恤等服饰与家纺纹样设计中。夸张变形的人物纹样是儿童用布中较常见的纹样题材，欧美20世纪初就有很多表现童话人物的儿童布艺纹样，成为当时流行的家居与服饰品面料纹样。另外，人物纹样中，还有素描、版画形式的肖像，现代手法的艺术肖像，动画、游戏中的人物形象等（图2-4-34）。

（七）交通工具纹样

欧洲文化往往是多彩的和带有传奇性的,汽车、火车、飞机发展史博览馆，甚至是自行车历史博物馆都是十分引人入胜。笔者曾在柏林参观过科技博物馆，各种交通工具琳琅满目，大到实物，小到模型以及各种图片，吸引了世界各国的游客。在欧洲还经常举行老式汽车比赛，这种比赛与其说是比赛还不如说是一种娱乐性和戏剧性的活动。介绍老式汽车、飞机等的邮票多次发行，设计师们由此受到启发，把人们的这种怀旧兴趣反映到纺织品纹样中来。老式的自行车、摩托车、火车、飞机，老式的帆船、汽船、铁锚、绳索、绞盘、罗盘、舵轮、救生圈、望远镜和语旗等都是交通工具纹样的表现题材。这些交通工具纹样在20世纪60年代和70年代末在欧美流行一时，同时也是现代人们在服饰及家纺产品中感兴趣的题材之一。以交通工具为母题的具象或抽象纹样，不但带给人们一种怀旧的情感，也是对科技进步的一种反映。交通工具纹样可以是完

图2-4-30

图2-4-31

图2-4-32

图2-4-33

图2-4-30　儿童趣味的风景墙布纹样
图2-4-31　以中国花瓶为元素的墙布设计
图2-4-32　钟鼎文组成的印花布纹样
图2-4-33　英文字母组成的服饰纹样

图2-4-34　法国17世纪末新艺术运动时期的人物印花布纹样　1919-1920
图2-4-35　以帆船为元素的服饰纹样
图2-4-36　以飞机为元素的服饰纹样

整地表现某一汽车、轮船，也可是局部，甚至是以其中某一代表性的零件来暗示（图2-4-35、图2-4-36）。

四、模拟纹样

纺织技术的发展特别是数码技术的发展，不但使各种纺织品纹样的表现力、表现范围得到拓展，也给各种题材、工艺之间的相互借用和模拟提供了技术保证。同时，仿生学、显微技术、照相技术和现代画派摹拓法、压印法的出现也扩大了设计师的视野，对自然物体表面肌理的模拟、对生物细胞和分子结构的模拟，特别是构成主义的出现大大地丰富了纺织品纹样题材和表现方法，一种织物或印染工艺的流行必然会出现对这种工艺技术所产生的独具风格的花样的模拟，20世纪70年代末世界上流行防拨染印花工艺，于是深色的防拨染花样就流行起来了，紧接着模仿防拨染效果的直接印花纹样就跟着流行起来。1987年流行扎经花布，模拟扎经印花的纹样就跟着多起来。从商业竞争角度出发，一种能用大机器生产来逼真模拟手工印制的高档印花制品必然会获得广大消费者的欢迎，因为消费者既希望能满足他们追求高档时髦产品的心理需要，又希望它们在价格上与普通产品相似。

（一）肌理纹样

所谓肌理纹样就是模拟自然物体能用视觉或触觉觉察的表面或断面的天然纹理。自然界的物质千姿百态，肌理形态自然各不相同。木有木纹，石有石纹，各种织物有着各种织纹。即使是同一种质地的物体由于偶发因素也会产生各种不同的肌理效果。随着科学的发展，人们对自然肌理的模拟从宏观世界深入到微观世界，例如在显微镜下的原子结构，各种生物细胞、微生物的结构都是肌理纹样的素材。

现代的肌理纹样是由于"摹拓法"和"压印画法"的出现而兴起的。用画纸放在表面粗糙的石木或其他物体表面，用铅笔或颜料在上面揉擦，由此摹拓出物体的自然天趣的纹理来。对于肌理的装饰效果我国古代早有认识：草书中的屋漏痕笔法、宋代瓷器哥窑的冰裂纹、汉砖秦瓦的压纹、中国画中的枯笔、皴法等都是肌理效果的应用。

肌理纹样在纺织品纹样中的应用是在20世纪20年代恩斯特创造的"摹拓法"与"压印画法"以后出现的，60年代这种纹样在世界上风靡一时，最近几年又有所抬头。肌理纹样的题材极广，自然界一切物质、物体、自然现象（如风、雪、雨、云等），一切由于物理或化学因素带来的偶发性现象等，都是可供肌理纹样模仿的对象（图2-4-37）。

（二）迷彩纹样

迷彩纹样以不规则的色块为基本形态，彩色以浅棕、浅土黄、枯草色、墨绿、黑色为主。随着旅游、户外极限等运动发展，这些纹样也被运用到户外服装、睡袋和相关用品之上。旅游和户外运动已成为现代生活方式的一个重要组成部分。休闲的概念已使迷彩纹样成为城市另类青年纺织品纹样中的一种新宠，甚至是在时装面料中也可以见到迷彩纹样的出现（图2-4-38）。

（三）绳纹纹样

绳纹最早出现在原始时代的陶器之上，当古人把陶坯制成后把绳子在

图2-4-35

图2-4-36

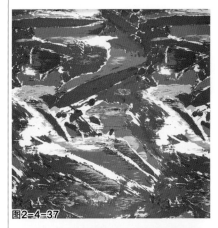

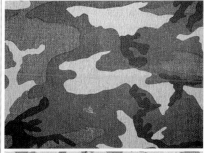

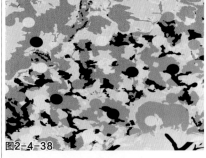

图2-4-37 以丝网印表现的肌理纹样
图2-4-38 迷彩服饰纹样
图2-4-39 航海题材的绳纹纹样
图2-4-40 仿蜡染机印花布

陶坯上勒一下或压一下，留下绳子的痕迹。后来绳子作为装饰常常出现在希腊和古代欧洲的建筑上，并经常与羽饰一起使用。绳纹作为印花织物的花样首先在欧洲出现。绳纹花样主要把绳子做成结或圈的各种造型来构成花样的元素，然后再把这些元素组合各种纹样，或采用纺织的形式来表现。

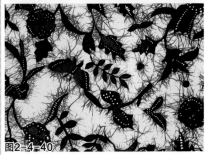

绳纹被经常组合成家具布或窗帘花样，并且常常和花卉、首饰等组合在一起使用（图2-4-39）。

（四）蜡防纹样

蜡防印花是一种古老的印染工艺，织物在上染料前先涂上蜡，这样织物涂上蜡部分就染不上颜色。当蜡除去后，其纹样就出现了，这一工艺能重复许多次，一直能循环到你所需要的效果为止。在染色过程中，涂绘在织物上的蜡会产生不规则的裂痕，染料从这些裂痕渗透到织物上，会产生蜡防纹样特有的冰裂纹。

蜡防印花也许最早起源于中国或印度，但是最出名的地方要数印度尼西亚的爪哇岛，该岛上的妇女或单独地生产蜡防布或在小工场内小集体地生产蜡防织物，她们生产的蜡防织物不仅有采用传统的靛蓝和棕色调色的传统纹样，而且也采用各种色彩的现代纹样。在非洲，也有蜡防印花的传统，蜡防印花织物是深受很多非洲部落青睐的服装面料。

20世纪中期，荷兰首先开始用机械印花来仿制手工蜡防印花，并受到非洲消费者的欢迎。随后，世界各国都开始生产以蜡防纹样为主的机械印花织物。蜡防纹样通常有外来花卉，

亚洲和非洲的民族纹样，其构图有满底和条形二种，纹样尺寸根据服饰和家用可分大型和中型（图2-4-40）。

（五）印经纹样

这类纹样是指用机械印花的方式，仿制具有扎经提花效果的织物。扎经提花织物在世界各国都有生产，因工序多、织造繁复，价格相对较高。在印花产品的设计中模仿各种扎经织物的风格，基本可以达到扎经织物的艺术效果，但产品价格则可以便宜很多。印经纹样主要用于家用纺织品和服饰面料（图2-4-41）。

（六）仿锦缎和绣花纹样

它最早产生于19世纪叙利亚的大马士革市，这是一种大提花织物的印花替代品。仿锦缎纹样是通过印花来模仿其提花的效果。现代的家纺产品中也常可见仿锦缎和仿绣花纹样（图2-4-42）。

（七）补丁纹样

补丁纹样也称布丁纹样，其形式类似于我国的"百衲衣"或"百家衣"的图形，与现代拼布、绗缝也类似。补丁纹样起源于18和19世纪美国妇女缝制的美国绗缝制品，传统的补丁绗缝制品是将不同的印花布小块缝制在一起，并以此来形成漂亮的几何、写实或无规则的纹样。为了获得传统的补丁效果，纹样的每个块面必须作相拼的趣味，采用自由的构图和特定的印花技术能获得这一效果。另一种补丁纹样技术，称之为贴花技术即将花型裁剪下来后用缝纫方法将它缝在底布上以此来创作出各种几何和写实的纹样来，在印花上为了获得贴花效果，在底布上大多会表现出缝纫针迹。

补丁纹样有美国传统花型，还有亚洲、非洲及其他民族的传统花型等，其色彩通常是鲜艳色，但柔和的色彩也经常配合使用。纹样的尺寸可大可小，小的用于服饰，大型纹样用于家用纺织品（图2-4-43）。

（八）纹章纹样

纹章纹样也称徽章纹样，最早始于中古时期的英国。古代欧洲人常常用纹章来表示一个家族、团体、城镇、学校或企业等的一种纹样标志。这种

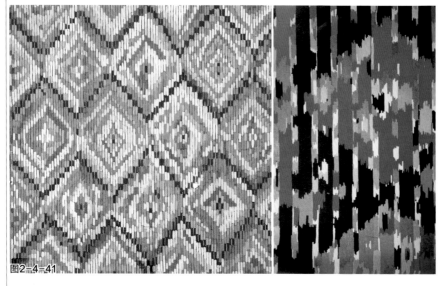

图2-4-41

图2-4-42

标志常常象征这一团体的权力、生命力和集团的关系。所以鹰的形象在纹章中的出现是屡见不鲜的，于是具有鹰的形象的纹章被称作"EAGLE"。15世纪欧洲佛朗达斯等地方，把这种纹章移用到印花的麻布上。他们把带有各种象征性纹样的盾牌再配上一些植物与动物的纹样，所以到后来这种纹样不仅是纹章纹样，而成了复合纹样。20世纪70年代这种纹样得到了很大的发展，并成为当时的流行花样。设计师们把纹章与戴着各种古代欧洲盔甲的武士、各种古代的兵器或各种动植物纹样结合在一起，有时似乎在告诉大家一段历史故事。亚洲的日本纹章纹样也较为流行，很多家族和商店都有自己的特定的纹章标识。20世纪80年代初很多国家和地区男式T恤衫采用这种纹样，近年这种纹样将再次流行（图2-4-44）。

五、几何纹样

几何体是自然界一切形体的基础，几何形态是人类进行艺术创作的最初基本造型，也是现代艺术中不可缺少的形态之一。几何纹样是由点、线、面等基本几何图形组成，与各种纺织品都有着密切的关系，随着现代科学的发展和物质生活的变化、审美观点的改变及几何纹样表现方法的越来越丰富，几何纹样将更多地运用在纺织品纹样设计的各个领域。

（一）一般几何纹样

几何纹样是指由点、直线、曲线形成的抽象纹样，包括正方形、三角形、圆形、菱形、多边形、弧形等。几何纹样的构成元素以简洁而规整为特征，表现出简洁、严谨、比例、节奏、秩序之间的美感，具有强烈的视觉特征。几何纹一直是许多民族传统服饰中重要的题材之一。同时，也借助织造和编织等工艺，形成不同风格与特色结合的纹样。在我国古代纹样中，龟甲、双距、方棋、连珠、回纹、谷纹、蒲纹、锦纹、漩涡纹、曲折纹等就是典型的几何纹样。在现代纺织品纹样中，几何纹的运用也非常广泛，如圆点纹样，有最简单的单色圆点、多色圆点，圆点可以有大小、色彩的变化，圆点还可以组成各种形态的线和面。日本艺术家草间弥生就是一个"玩"圆点的高手，圆点在她手下变化无穷。除了单一几何形的纹样外，还可以是几种或多种几何形的组合运用。也可以是

几何形为主，加上其他题材的综合设计。随意多变的几何纹样不仅可以运用在女装纹样中，男性衬衣面料、休闲装面料中也常见使用。家纺产品中的墙布、装饰布也是几何纹样运用较多的产品类型（图2-4-45）。

（二）渐变几何纹样

所谓的渐变几何纹样，就是20世纪70年代兴起的"平面构成纹样"。其运用自然界千变万化的形体，经几何概括后形成基本的单位纹，将基本单位纹加以理性的排列组合而形成新的艺术形象。其方法为用点、线、面构成基本形象，基本形可分为近似基本形、渐变基本形和正负基本形。两个以上形象相遇时可能产生相接、相

图2-4-41　两种不同风格的印金纹样
图2-4-42　模仿刺绣的印花纹样
图2-4-43　补丁印花纹样
图2-4-44　欧洲印花中的纹章纹样

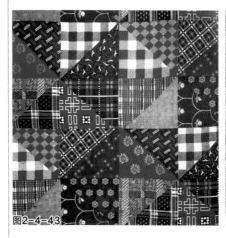

图2-4-43

图2-4-44

切、透叠、重叠、联合、分离、盈蚀、重合等现象。不断使用一个形象，就是"重复"。"重复"是最简单的构成，基本形按不同的方法排列还可能产生渐变、发射、对比、特异、聚散、密集、空间等多种形式的构成。而上述这些排列方法，决定设计中形象的位置和设计秩序的编排骨格。骨格主要是由垂直线和水平线两大要素组成的。将这两个要素作阔窄、方向、线质的变化便产生各种不同的编排骨格。几何形体通过上述的排列后，构成有组织、有秩序的律动进而形成富有形式感的装饰纹样。渐变几何纹样不但被广泛地运用于现代装饰艺术和商业美术中，也被广泛地运用于各种服饰和家纺纹样之中（图2-4-46）。

（三）抽象几何纹样

抽象几何纹样是由抽象派绘画派生出来的纹样流派。抽象派绘画是由俄国画家康定斯基在20世纪初期所创立的。从30年代起到50年代，抽象派、抽象表现主义风靡一时，几乎占据了当时的西方画坛。在康定斯基的作品里找不到任何情节性的东西。他认为："一件艺术作品总应该富有表现力，那就是说，要有深刻的感情或精神的经验。形式和色彩，从所有的表象的目的中解放出来以后，能不能形成一种象征的会话语言呢？"[1] 康定斯基企图用点、线、面以及色彩作为符号语言来传达他内心的感情与情绪。康定斯基说："艺术作品包含两个因素，内在的和外在的，内在的因素是艺术家灵魂中的感情，这种感情有力量激发观众同样的感情。""这两种感情的相似和相等的程度，取决于艺术作品的成功的程度。在这一点上，绘画和歌曲没有什么差别：两者都是感情的传达……"[2] 在这种理论的指导下，画家完全摒弃了客观世界具象形体的结合而以抽象的色彩和线条的挥洒，运用这种抽象的情绪符号来进行绘画，而使绘画出现了音乐化的倾向。我们尚且不去讨论他的理论对绘画发展有多少积极因素，至少对于现代装饰艺术和纹样艺术应该说有着十分重大的意义。

从纺织品纹样的流行角度来说，某种写实的、端庄的花卉花样流行一段时间后，理性的、挥洒自如的抽象几何纹样必定要在某种程度上取而代之，它们总是以螺旋上升的方式参与到流行纹样的发展之中。抽象几何纹样可以单独使用，也可以与其他类型的纹样结合（图2-4-47）。

（四）条格纹样

条格纹样是条纹样、格纹样与条格综合纹样的总称。条格纹样是纺织品应用最早也是最广泛的纹样之一，它们既可以单独使用，又可以和花卉、几何形等综合运用。

当人们开始学会纺织技术时就懂得用色织的方法织出各种各样的条子花纹，在世界上差不多每一个民族都有本民族特色的条子纹样。例如，采用色彩强烈的非洲条纹、采用蓝色和褐色组成的横条花纹的阿拉伯条纹、底纹纤细的印度马德拉斯条纹等。按条的造型排列方式又有横条、直条、断续的条、波动的条、斜条等不胜枚举的条形纹样，可以说是古老而质朴，而又是最为经典和时尚的纹样之一。同一种条子纹样，可以通过色彩纯度、色相和明度的变化获得完全不一样的视觉效果。

在国外格子纹样中，苏格兰格子纹样最为丰富和引人注目，并影响到世界各国格子纹样的设计。格子纹样一般分为单色格子纹样和彩色格子纹样等。目前纺织品纹样中较为流行的是具有甜蜜色的色织彩格纹样，既有提花也有印花，它们具有色彩丰富变化有致的特点。格形可分为正格和45度斜格或正、斜并用。欧洲家纺设计家由于受到了彩虹的启示，设计了模拟彩虹色彩排列的彩格，被称为彩虹格形。后来很多设计完全打破毛织和色织的效果，采用写意或抽象的方法设计的格形被称为"花式格纹"。

条格纹样应用范围广泛，男、女服饰面料，特别是男性衬衣面料中应用最多。在家纺产品中，窗帘、沙发布、装饰布中条格纹样也深受消费者的欢迎（图2-4-48）。

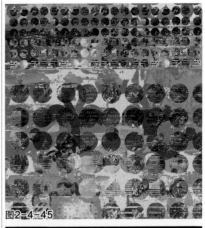

图2-4-45

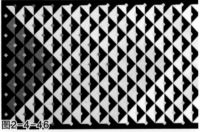

图2-4-46

图2-4-47

图2-4-48

图2-4-45 现代几何印花纹样
图2-4-46 色彩作为主要变化元素的渐变几何纹样
图2-4-47 现代抽象几何纹样
图2-4-48 方格类的色织条格纹样

注释：
[1][俄]瓦西里·康定斯基. 论艺术的精神[M]. 吕澎. 译, 上海: 上海人民美术出版社社, 2014: 76.
[2][俄]瓦西里·康定斯基. 论艺术里的精神[M]. 吕澎. 译, 成都: 四川美术出版社, 1986: 42-62

047

第五节 以艺术风格为概念的分类

艺术风格是指在艺术创作中体现出的综合性特征。风格具有多种含义，如设计师风格、作品风格、时代风格、民族风格、地域风格、流派风格等，而本节所说的风格主要是流派风格。即由时代造就或某一设计师引领，得到社会认可，并在设计史中占有一席之地的风格特征。

一、巴洛克纹样

"Baroque"一词源于葡萄牙文"Baroco"和西班牙文"Barrucco"，意为"畸形的珍珠"，也是欧洲正统派对这种风格所表示的一种贬义。它一反文艺复兴时期均衡、静谧、调和的格调，强调纹样设计"力度的相克"，追求"动势起伏"。16世纪末天主教教会"多伦多会议"决议把罗马装饰成"永恒的都市""宗教的首都"，巴洛克风格成为这次装饰计划的楷模，并席卷整个欧洲，持续整整一个世纪。

巴洛克风格风格在17世纪法国发展到顶峰，所以又被称为"路易十四样式"。在此时，法国国力鼎盛，成为欧洲的霸主，巴洛克的豪华、奢美正好符合他们的需要。为了适应于这种富丽的宫廷装饰，法国宫廷服装也出现了矫饰、浮华、夸张的巴洛克风格。初期的巴洛克纹样以变形的花朵、花环、果物、贝壳为题材，以流行的曲线来表现形体。在富有戏剧性的构图中，由充满流动感的形体，逐渐向对角线方向倾斜。后期巴洛克纹样采用睡莲、棕榈树叶的古典纹样、古罗马柱头莨苕叶形的装饰、贝壳曲线与海豚尾巴型的曲线，抽纱边饰、拱门形彩牌坊等形体的相互组合。后来巴洛克纹样的异国情调显得越来越明显，特别是中国风味的注入，中国的亭台楼阁、仙女，中国的山水风景以及流利的植物线条、曲线型和反曲线状茎蔓的相互结合，逐渐向洛可可纹样演变（图2-5-1）。

巴洛克纹样的最大特点就是贝壳形与海豚尾巴形曲线的应用。贝壳一直是欧洲古代装饰纹样中的重要元素。贝壳曲线是受到贝壳切面螺旋纹形态的启示，巴洛克纹样就是以这种仿生学的曲线和古老莨苕叶状的装饰为风格的结合，并区别于以往欧洲的纺织品纹样而大放异彩。巴洛克纹样线形优美流畅，色彩奇谲、丰艳，充满着生命的跃动感。巴洛克纹样由于路易十四的死而告结束，历时一百多年，在以后的二百多年历史中多次出现重新流行，在服饰面料、家用纺织品装饰方面作为传统风格纹样经久不衰地受到人们的钟爱（图2-5-2、图2-5-3）。

二、洛可可纹样

洛可可纹样盛行于1701-1785年法国革命的路易王朝贵族化的印花织物中。当时所有的壁面装饰、工艺品、家具、织物和服装，仿佛卷入了一股样式宛然如画的装饰洪流。"洛可可"一词有"用贝壳、石子等作的假山"或"贝壳华丽"之意。洛可可纹样由于充溢着东方特别是中国的情调，以至有人将它称为"中国纹样"。

路易十五时期，在宫殿的服装、工艺品的装饰上追求一种雅致、纤细、轻巧、华丽、潇洒的艺术风格。这种风格受到路易十五的情妇蓬佩杜的赏识而得以进一步发展。1745年这种风格甚至被称为蓬佩杜样式，洛可可风格达到鼎盛时期。法国画家安东尼·华多（Antoine Watteau 1684-1721）是这一风格的杰出代表。华多直接受到过中国艺术的影响，他曾把中国纹样与意大利卷草纹样杂糅于洛可可画风之中，他喜欢用活泼的曲线描绘贝壳纹样。所以有人认为华多是"洛可可"风格的奠基人（图2-5-4）。

洛可可艺术的特征是改变了古典艺术中平直的结构，采用C形、S形和贝壳形旋蜗曲线，敷色淡雅柔和，形成绮丽雍容、繁缛艳丽的装饰效果。除此之外表现在印花纹样上则是大量的自然花卉的主题，所以有人称这个时期的法国印花织物为"花的帝国"。在处理上采用写实的花卉，用茎蔓把花卉相互连接起来，就像中国的折枝花卉。其中配上的各种鸟类也明显受到中国花鸟画的直接影响（图2-5-5）。

18世纪后半期，在法国出现了一股近乎疯狂的"中国热"的浪潮，中国的亭台楼阁、秋千仕女、花鸟风月，中国工艺品中的扇子、屏风、青铜器等古董，中国传统纹样中的龙、凤、狮子等大量题材都出现在印花织物纹样中。这种风格曾经对"巴洛克"纹样产生过相当大的影响，中国的刺绣品对后来的"洛可可"产生更大的影响。甚至有好多美术史家认为"中国风格"是洛可可艺术产生的重要原因，

图2-5-1　巴洛克风格的花卉纹样 15世纪
图2-5-2　巴洛克风格的花卉装饰 17世纪上半叶
图2-5-3　花卉装饰 17世纪

图2-5-1

图2-5-2

图2-5-3

可能是决定性的原因（图 2-5-6、图2-5-7）。

洛可可风格在法国持续了整整一个多世纪，波及整个欧洲大陆。直至今日，欧美古玩市场与日常生活中仍保持着对洛可可风格强烈的兴趣。洛可可艺术所具有的形式美观念与装饰艺术手法，至今仍给予艺术创造以启示。在今天的服饰和家纺纹样设计中，洛可可纹样仍然得到沿用和发展。

三、莫里斯纹样

威利·莫里斯 (Willie Morris) 的名字总是和"艺术与手工艺运动"联系在一起的，他曾经是 19 世纪英国著名建筑家乔治·依·斯特里特的学生，后来放弃了建筑学，开始从事工艺美术。

1857 年罗赛迪应邀主持牛津大学自然博物馆的天井与壁面的装饰。为了加速工程的进度，罗赛迪说服莫里斯一起参加了设计和绘制工作，莫里斯具有独创性的花卉装饰纹样开始在同行中崭露头角，为莫里斯以后的事业起了决定性的作用。

莫里斯所处的时代正是"产业革命"蓬勃兴起的时代，以莫里斯为首的一批艺术家认为机械化生产降低了设计标准，破坏了传统文化和延续千百年的田园牧歌式的情趣，于 1870 年发起了"艺术与手工艺运动"。莫里斯从社会学思想和美学角度去反对机器生产，鼓动大批艺术家参加了这一运动，影响极其深远，扩散到整个欧洲大陆，历时半个世纪。

莫里斯公司曾经经营玻璃彩画、

图2-5-4　洛可可风格的花卉与人物装饰 17世纪下半叶
图2-5-5　洛可可风格的花卉与人物装饰 18世纪

图2-5-5

图2-5-6

图2-5-7

手描瓷砖、墙纸、家具和壁毯、印花布纹样等工艺美术业务，其独树一帜，有代表性的纹样被称为莫里斯纹样。莫里斯纹样接受了欧洲中世纪以及东方艺术的影响，提倡浪漫、轻快、华美的风格，摆脱了当时盛行的平面纹样追求三度空间的立体感，主张二度空间的形式，采用线条花纹来勾勒平涂色面和纹样式的寓意或象征。莫里斯纹样被看作自然与形式统一的典范。莫里斯纹样以装饰性的花卉为母题，在平涂勾线的花朵、涡卷形或琉璃型的枝叶中穿插左右对称的S形反曲线或椭圆形茎藤，结构精密、排列紧凑，具有强烈的装饰趣味。莫里斯纹样由于其"美的构成"和作为"生命与秩序的内在美"的典范，"富有与成长"的象征，对后来的"新艺术"和装饰艺术运动，对欧洲乃至世界的服装、家用纺织品纹样设计都产生过深远的影响（图2-5-8至图2-5-10）。

四、新艺术运动纹样

"新艺术运动"可以追溯到1882年，当时麦克莫多在他的纺织品纹样"单层瓣花"和"孔雀"已经现出端倪。麦克莫多学习了日本浮世绘中注重轮廓线明确性的形式，但他的纹样

要比莫里斯单纯得多而且带有流线型的节奏与韵律。享有盛名的英国画家麦克莫多的弟子查尔斯·F·奥赛也是新艺术运动的代表，1888年他创作的印花纹样"睡莲""水蛇"是典型的新艺术风格，"水蛇"一图是以水草与海蛇形态来描写流畅和卷曲型的形象，他的作品比莫里斯和麦克莫多的作品更富有律动感，他的设计被称为"简直是春天突然降临"。查尔斯·F·奥赛以富有幻想的美丽的花卉与动物为主题，菖蒲、蓟花、埃及莲、印度莲、兰花、木莲、常春藤、八仙花、水仙花、鸢尾花、紫藤、旋花、番红花、银莲花等花卉是他经常描写的题材。奥地利画家"维也纳分离派"代表克里姆特也是这一运动的杰出代表。他的风

格明显地受地中海文明克莱塔岛涡卷纹的影响和带有镶嵌画的特色，他的画以阿拉伯卷草纹、克莱塔岛涡卷纹以及鳞纹、镶嵌格纹为基础，具有强烈的装饰效果，他的代表作品有"满足""吻""斯托克莱饰带"等。新艺术风格从总体上说是采用自由、奔放弯曲的线条来描写富有流动感的成长的生态（图2-5-11至图2-5-13）。

新艺术风格的装饰纹样在1890年至1905年风靡整个欧洲，以后又多

图2-5-6　洛可可风格的花卉装饰 18世纪
图2-5-7　洛可可风格的挂毯装饰纹样 18世纪
图2-5-8　威廉·莫里斯花卉装饰纹样 1872
图2-5-9　威廉·莫里斯花卉装饰纹样 1876
图2-5-10　威廉·莫里斯花卉装饰纹样 1883

图2-5-8

图2-5-9

图2-5-10

图2-5-11

图2-5-12

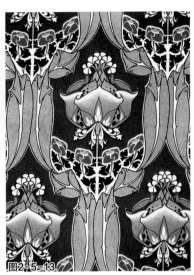
图2-5-13

次在家用纺织品及服装面料产品中出现流行。

五、装饰艺术运动纹样

"装饰艺术"（Art Deco)，也被称为迪考艺术，它是在两次大战期间流行于欧美、集世界各族艺术之大成的艺术形态。"装饰艺术"纹样早期主要由机械式、几何形、纯粹装饰的线条来表现，如扇形辐射状的太阳光、齿轮或流线型线条、对称简洁的几何构图等，并以明亮且对比鲜明的颜色来彩绘。后来，深受埃及等古代装饰风格、原始艺术、舞台艺术、爵士乐、

汽车设计等因素的影响，"装饰艺术"逐渐丰满多元，糅合出了复杂但极具韵律感的"装饰艺术"形式。具有敏锐感知力的艺术家与设计师们，不断寻找和尝试着全新的艺术表达形式来适应新时代的发展和需要。于是，一种全新且与众不同的，融合了机械美学、立体主义，以及多元文化精华的摩登轮廓最终形成（图2-5-14、图2-5-15）。

"装饰艺术"风格演变自19世纪末的新艺术运动，兼具古代的（古埃及、玛雅、阿兹特克文化等）、古典的、哥特的、立体派的种种艺术元素

和手法，同时又结合了因工业文化所兴起的机械美学和爵士时代的摩登表现手法，所以它所包含的艺术元素是十分多样的。总结起来，其标志性的装饰特点有阶梯状收缩造型（20世纪的象征）、放射状线形的太阳光、彩虹与喷泉造型（新时代曙光的象征）、几何图形（机械与科技的象征）、全新题材的摩登雕塑和浅浮雕与建筑立面的结合（当时社会对科技文明的向往）、新女性的形体（女性解放与女权的象征裸女）、古老文化的纹样（对埃及与中美洲古老文明的想象）、速度、力量与飞行的流线造型（交通运输飞

图2-5-11　新艺术运动风格的玫瑰与马蹄莲纹样 1898
图2-5-12　新艺术运动风格的鸢尾花装饰纹样 1904
图2-5-13　新艺术运动风格的木棉花装饰纹样 1904
图2-5-14　装饰艺术运动风格的线型纹样
图2-5-15　装饰艺术运动风格的比安兹尼-费里耶工厂的印花布

图2-5-14

图2-5-15

052

速发展的象征）等。"装饰艺术"纹样"在造型语言上，它趋于几何但又不过分强调对称，趋于直线但又不囿于直线。几何扇形、放射状线条、闪电型、曲折型、重叠箭头型、星星闪烁型、连缀的几何构图、之字形或金字塔形等是其设计造型的主要形态。"[1] 在色彩上，装饰艺术运动与以往讲究典雅的设计风格大相径庭。亮丽的大红、炫目的粉红色、鲜艳的蓝色、鲜橙的黄色、探戈的橘红、金属的金色、银白色及古铜色受到特别的重视，并通过这些色彩来达到绚丽夺目甚至是金碧辉煌的效果（图2-5-16）。

"装饰艺术"作为一种国际性的潮流，很快就从大洋彼岸推波而来，浸润了20世纪初期开放和发展程度最高的上海。此种纹样传入中国后除大量运用于印花、提花织物以外，在刺绣中也较常见。现在上海是世界上现存"装饰艺术"建筑总量全球第二的城市（仅次于纽约），外滩的历史建筑中有超过四分之一都属于"装饰艺术"的风格范畴，而很多上海人家也珍藏着当年那些"装饰艺术"风格的家具，当然在现代服装和家纺面料纹样设计中也可以说无处不在。

六、波普纹样

1960年前后美国出现了"波普艺术"。"POP"为Popular的俗略词，意为通俗、流行。波普派画家们认为抽象艺术只是供少数人享用的艺术，而他们则要打破艺术与生活、实体与艺术之间的界限。波普艺术的题材大多取自美国的流行文化，即电影、

电视中的人物、场景，各种商业广告、连环漫画等为人们所熟悉的事物和人们日常接触的东西，因此得名为"波普艺术"即"流行艺术"，或"通俗艺术"，POP艺术又名新达达主义。

波普艺术出现后很快就在纺织品纹样中反映出来，并在欧洲和美国首先流行起来，并迅速地扩大到整个世界，1986年起再度流行。"波普纹样"多取材于商业广告题材，所以又被称为"广告纹样"（图2-5-17、图2-5-18）。

流行于20世纪60至70年代的"芬克艺术"和"光派艺术"以及"活动艺术"往往用霓虹灯来塑造他们需要的艺术形象。这种艺术也被用于织物的印花纹样，被称为"电饰纹样""霓虹灯纹样"。这种花样1983年在欧洲非常流行，以深底为主（图2-5-19）。

波普艺术中经常以连环漫画为题材，用夸张、比喻、寓意的手法，描写生活中一些有趣的片断，以及反映社会政治生活中一些情节。画面幽默、诙谐。在现代服装纹样上的应用较多。

七、杜飞纹样

劳尔·杜飞是"野兽派"代表画家之一。后受法国"巴黎纺织公司"的聘请从事纺织品的设计。

杜飞设计的纹样一改以往染织纹样中的写实风格，运用印象派与野兽派的写意手法。他先用大胆简练的笔触、恣意挥洒的平涂色块、粗犷豪放的干笔，然后用流畅飘逸的钢笔线条勾勒出写意的轮廓。杜飞的花卉纹样形象夸张变形，色彩强烈明快，线条质朴

图2-5-16

图2-5-17

图2-5-18

简洁、轻松自如，具有浓烈的装饰效果。杜飞从印花纹样的设计经验中悟出了自己独特的、创造性的、具有装饰风格的新画风，从而加强了他在美术史上的地位。

杜飞这种具有独特风格的花样被称为"杜飞纹样"或"杜飞样式"。

图2-5-16 装饰艺术运动风格花卉纹样
图2-5-17 波普广告纹样
图2-5-18 现代波普纹样
图2-5-19 波普服饰纹样

注释：
[1] 瞿孜文. 世界艺术设计简史 [M]. 长沙：中南大学出版社，2014：55.

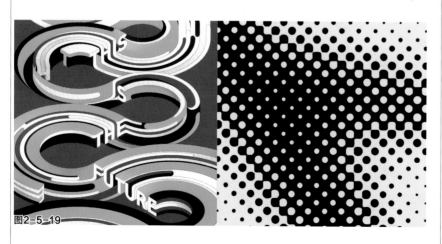

图2-5-19

杜飞设计的花样中也有动物与人物的纹样，但比较起来杜飞的写意花卉更引人注目，所以杜飞纹样一般是指他的写意花卉纹样。杜飞纹样曾在20世纪50年代风靡一时。因此，后来又被称作"50年代风格"的花卉纹样，70年代末期再度流行，杜飞纹样以自然随意、浪漫洒脱的情趣，夸张粗犷，流畅自如地描绘，不断演绎着野兽派的情愫，并成为了现代服装和家纺纹样设计中的主要风格之一（图2-5-20）。

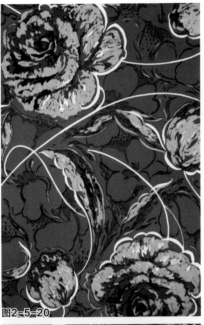
图2-5-20

八、迪斯科纹样

迪斯科纹样的名称是随着20世纪70年代兴起的迪斯科音乐舞蹈的流行应运而生的。迪斯科纹样起初主要采用由美国电影《星球大战》启发而来的"星空"纹样。大多数纹样以深底为主，用浓艳的原色点出地球与其他星球，较小较远的星球用小的几何体来表示，有时用小三角形，有时用小五角星。圆球常常用点子的疏密来点出球体的立体感，用弯曲的长箭头象征战争。由于迪斯科纹样以"星系"与"宇宙"为主题，因此又被称为天外纹样、星象纹样、太空纹样、流星纹样等。迪斯科纹样后来发展成抽象几何纹样与写意花卉纹样。花卉主要由平涂的块面与流畅潦草的线条构成，有时用干笔在粗糙的纸张上一蹴而就，挥洒自如，故意留出阵阵"飞白"。纹样以明确而强烈的对比色为主，所以大多数花样需采用防拨染印花。迪斯科纹样于1981年至1982年在整个世界范围内广泛流行，1986年再度流行，然而无论在花型上和配色上都作了某些变化。迪斯科纹样就像迪斯科音乐一样，总是以它新鲜多变的形式，强烈刺激的效果，成为青年们心中永远的时尚（图2-5-21、图2-5-22）。

图2-5-21

图2-5-22

九、点彩纹样

点是装饰艺术中一种常见的手法，但普通的点，通过修拉色彩神奇的创造，

图2-5-23

图2-5-20 自然随意的杜飞纹样
图2-5-21 航天器纹样
图2-5-22 闪电星云纹样
图2-5-23 法国丝网印花纹样 20世纪30-40年代

变得宛如斑驳的阳光和飞舞的光点的一种协奏，成为了色与光的"神话"。

点彩派是印象派外光艺术发展的产物，他们把印象派的画法和现代科学的成果结合起来，自称为"科学印象派"。他们把绘画的笔触点化、条理化，分解成平面的色彩元素排列成方圆大小相似的呈水平或垂直方向的点块形的轮廓，成为既变形又夸张的程式化纹样。他们认为调和的颜色会破坏色彩的力量，从而把色域的表现变成色点的表现，追求简略化和再加工的镶嵌形式。

点彩派出现后很快被运用到织物印花纹样的设计中，并且作为最早的现代纹样经常出现周期性流行。点彩纹样对于印花设备的适应性是其他织物纹样所无可比拟的，它可以适应任何机械设备和手工工艺的加工。点彩纹样还被称为新印象派纹样、点画纹样、点子花等。点彩纹样不光多用于服装与家用纺织品的印花纹样中，在织花纹样中同样显现出其无穷的魅力（图2-5-23）。

十、立体派纹样

立体派绘画的鼻祖毕加索大概没能想到他创立的立体派绘画，会对今天的纺织品纹样产生重要的影响，并派生出立体派纹样。

立体派画家探索画面结构、空间、色彩和节奏的相互关系，把自然形体分解成半透明的几何切面，并相互重叠，在画面上同时出现无数的面，在造型和表现上突破了时空限制，在同一个画面上用几个不同的视点表现出许许多多的层次、体积与块面。

立体派运动由于1914年第一次世界大战的爆发而告结束，但这种风格还继续作为一种影响存在于此后的建筑、装饰艺术和纺织品纹样中。由于立体派画家把自然界概括成各种富有装饰性的几何体，因此立体派的静物、风景画几乎都可以拿来作为印花布纹样或织花纹样。"立体派"纹样作为现代纹样经常出现世界性的流行，在现代家用纺织品特别是印花家具布上影响尤甚（图2-5-24）。

图2-5-24

图2-5-25

图2-5-24　立体派花卉纹样 19世纪20年代
图2-5-25　现代欧普纹样

十一、欧普纹样

在现代家纺产品中，一些以黑白或单色几何形构成的纹样总能给我们耳目一新的感觉。这些令我们视觉受到刺激、冲动、幻觉的纹样，常常被称为欧普纹样。欧普纹样又称作"光幻纹样""错视纹样"或"视幻纹样""幻觉纹样""原子信号波纹样"等。

在一些工业高度发达的资本主义国家，许多年轻的艺术家主张"科学技术与艺术的结合"。1963年起以纽约画坛为中心展开了运用几何学的错视原理的美术运动。自此，这种光学美学的声誉大震。1966年起开始运用到织物印花纹样的设计中来，并很快地在世界范围内流行起来。欧普纹样是利用几何学的错视原理（对比错视、分割错视、方向错视与逆转错视），把几何图形用周期性结构（简单几何体的大小组合和重复）、交替性结构（循环结构的突然中断）、余像的连续运动、光的发射和散布，以及线与色的波状交叠、色的层次接续或并叠对比等手法，使视网膜引起刺激、冲动、振荡而产生视觉错误和各种幻象，造成画面上的律动、震颤、放射、涡旋及色彩变幻等效果。日本的一些纹样专家认为古代日本就已经懂得采用类似手法运用于和服纹样。欧普美术与其称之为绘画不如称其为纹样，每幅欧普美术作品的本身就是一幅完整的纺织品纹样。欧普纹样一般采用较少的色彩来表现复杂的画面，黑色在画中起着十分重要的作用。欧普纹样的家用纺织深受都市"新兴贵族"的喜爱（图2-5-25）。

十二、卡通纹样

卡通作为一种艺术形式最早起源于欧洲。自文艺复兴运动以来，自由开放的艺术理念开始为社会所接受，使得传统绘画走下了中世纪的神坛，日益接近平民的审美趋向，给以简驭繁的卡通画提供了产生的社会基础。同时，作为市民阶层表达自身要求的手段，卡通画也被赋予了更为广泛的政治内涵。卡通一词开始指代的是那些幽默讽刺的绘画形式。卡通纹样设计是通过夸张、变形、假定、比喻、象征等手法，以幽默、风趣、诙谐的艺术效果，讽刺、批评或歌颂现实生活中的人和事。卡通纹样设计需要设计者具有比较扎实的美术功底，能够十分熟练地从自然原型中提炼特征元素，用艺术的手法重新表现。卡通图形可以滑稽、可爱，也可以严肃、庄重。

卡通纹样本来比较多地运用于儿童服装与家纺纹样。随着时代的发展在青年人的服饰产品中，卡通纹样也逐渐增多（图2-5-26）。

十三、数码纹样

数码纹样的设计有两种主要的途径：一种是设计主体是设计师（人），计算机及相应的软件一般起到辅助工具的作用。设计结果（即纹样）的创意、表现效果、设计速度的快慢很大程度上取决于使用该软件的设计师的素质，使用该软件的熟练程度。这种设计方法俗称"计算机辅助图形设计"。另一种是纹样创作的主体是计算机，首先由软件设计师编制一种程序，可以利用专业系统工具或其他人工智能技术收集艺术家的构图经验、色彩经验、选材经验等多种知识，并总结归类到电脑数据库中。然后使用该软件的人只要指令计算机一些简单的创作要求，如作品的风格、类型、画面密度

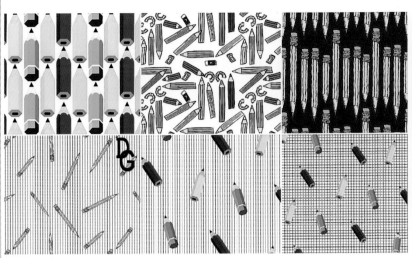

图2-5-26

图2-5-27

等，由计算机自动、快速地创作出纹样，这种方法也常常被称为"计算机图形创作"。

计算机辅助图形的创作始于20世纪60年代，起初是一些数学家用计算机画出复杂而具有韵味的曲线图形，这些图形独特的形式美引起了艺术家和科学家的共同兴趣。到20世纪80年代，人工智能技术的发展，促进了计算机辅助图形创作的产生和发展。计算机辅助图形创作的产生和发展不仅使计算机辅助设计的自动化程度提高、速度加快，而且也使得计算机辅助图形创作的作品被广泛运用到纺织品纹样的各种领域（图2-5-27）。

第六节 以流行纹样为概念的分类

流行是一种事物从小众化逐渐转化为大众化的过程。而所谓的流行纹样，即被大部分消费者追求、崇尚的纹样类型。其特点是新奇、前卫，并被相互追随和仿效。

一、豹纹纹样

豹纹是时尚圈最具争议性的话题之一，但是总是不顾一切地、强势地成为"时髦女性必备单品"。在多年的时髦元素中我们都可以看到动物纹出现频率明显变高：豹纹性感，斑马纹奔放，蛇皮纹狂野，都个性十足，但不得不说豹纹在其中独占鳌头。长期以来，人们总是在时尚和个人形象上借用豹纹。其中西方神话故事里的神像就总有与豹搭上边的，比如埃及智慧女神Seshat画像上豹皮服装，古希腊神话中的酒神狄俄尼索斯（Dionysus）骑着美洲豹，或穿着豹皮。在18世纪法国和意大利，在纺织品上开始运用豹纹，让最初喜欢它们的人通过猎杀它们取其毛皮作为服饰。豹纹主要的特色——华丽、充满力量与诱惑，让时尚女士们在时尚趋势中获得美妙之感。

豹纹纹样作为一种仿生纹样，来自对花豹皮毛的模拟。花豹有9个亚种，如印度花豹、华北豹、远东豹、非洲豹、美洲豹、阿拉伯豹等，它们的皮毛图案、颜色各不相同，也就造成了豹纹纹样设计得千姿百态。同时，豹纹设计中常常也交杂虎皮纹、蟒蛇纹等其他动物的纹样，更加彰显了豹纹纹样的野性、犀利、神秘而独特的个性（图2-6-1）。

二、声波纹样

发声体产生的振动在空气或其他物质中的传播叫作声波。声波借助各种介质向四面八方传播。声波通常是纵波，也有横波，声波所到之处的质点沿着传播方向在平衡位置附近振动，声波的传播实质上是能量在介质中的传递。声波的纵波、横波图形变化多端，

图2-5-26　以铅笔为题材的卡通纹样
图2-5-27　计算机辅助设计纹样
图2-6-1　现代豹纹纹样
图2-6-2　声波类纹样

并无规律，现代感很强。声波波动的节奏与波纹产生的具有科技感的律动，流畅的线条与图形消退、凸现的融合，经典折线与弯曲有致波线的交叉都体现了科技的幻象与神秘。声波纹样线条的疏密与组合，色彩的对比与弥漫，成为女性时尚服装面料中的最爱之一（图2-6-2）。

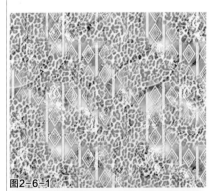

图2-6-1

图2-6-2

图2-6-3

图2-6-4

图2-6-3 璀璨的烟花纹样
图2-6-4 迷幻的宇宙纹样

化合物在燃烧时，会发放出不同颜色的光芒。氯化钠和硫酸钠都属于钠的化合物，它们在燃烧时便会发出金黄色火焰。同理，硝酸钙和碳酸钙在燃烧时会发出砖红色火焰。烟花的生命虽然短暂，但它尽力绽放出最美的花朵，展现它最灿烂的一面。由于烟花的爆破在漆黑的夜空中展现五光十色的图像。在纺织品的烟花纹样中，花色色线、多色提花及多色印花可以将霓虹色调的鲜艳色调装点在女性服饰和家纺装饰织物之上，辐射状的纹样或与抽象纹样的结合运用，使烟花纹样充满节庆和欢乐的气氛（图2-6-3）。

四、宇宙纹样

宇宙在物理意义上被定义为所有的空间和时间（统称为时空），包括各种形式的所有能量，比如电磁辐射、普通物质、暗物质、暗能量等，其中普通物质包括行星、卫星、恒星、星系、星系团和星系间物质等。宇宙还包括影响物质和能量的物理定律，如守恒定律、经典力学、相对论等。

长期以来，宇宙及银河系不断给天文学家带来惊喜，也给天文爱好者带来种种希冀。在纺织品纹样设计中，以星河爆炸、天体光线、闪烁星云等题材设计的服饰面料以及家纺面料深受年轻消费者的欢迎，也表达出人们对探索宇宙的期许（图2-6-4）。

五、涂鸦纹样

"涂鸦"英文是"Graffiti"，是一种视觉字体设计艺术，涂鸦内容包括很多：主要以变形英文字体为主，有3D写实、人物写实、各种场景写实、卡通人物等，配上艳丽的颜色让人产生强烈的视觉效果和宣传效果。涂鸦纹样一直以来都根植城市的街头巷尾，象征着非主流和青年运动。其多变的线条和色块造型与几何形的轮廓，使纹样在杂乱中显出丰富的基调和年轻人的观念行为。涂鸦纹样是现代城市文化的组成部分，其运用黑白和一系列大胆的色彩，创造了一种街头文化

三、烟花纹样

烟花又称花炮、烟火、焰火、炮仗，以火药为原料，用于产生声光色俱全的娱乐用品。中国较早就发明了烟花，现在世界各国将烟花常用于盛大的典礼或表演中。不同种类的金属

图2-6-5

特有的精神。涂鸦纹样一般以某种形式的文字为主，或文字、字母和图形的结合，充满青少年气息的叛逆与愉悦感。涂鸦纹样在现代女装和各种T恤上广泛使用，以它特有的魅力以及深邃的街头文化吸引了一批年轻的消费者（图2-6-5）。

六、蕾丝纹样

蕾丝最早出现在14世纪的欧洲西部低地的尼德兰南部的弗兰德斯地区。在当时因其制作工序繁复，所用材料昂贵，所以蕾丝出现之初只是在欧洲贵族闺阁之中流行，作为内衣、手帕、帽子或者是床上用品的小面积装饰。16世纪初，蕾丝编织技术传入意大利并迅速席卷整个欧洲，各地以蕾丝为主题的沙龙成为欧洲贵族消遣的时尚潮流。位于意大利威尼斯东北方外海的小岛布拉诺制作的蕾丝成为当时欧洲贵族追捧的最为精致的蕾丝，当时的苏格兰女王玛丽·都铎婚纱上的蕾丝就出自该岛的工匠之手，因此该岛也得到了"蕾丝岛"的美称，意大利成为当时整个欧洲乃至世界的蕾丝制作中心，直到18世纪法国路易十四大力发展本国经济，成立了自己的纺织工厂，培植本国的蕾丝

工匠，法国蕾丝因加入了丝绸而质地更为轻盈，由此法国的阿朗松针绣蕾丝迅速成为欧洲最负盛名的蕾丝之一。就蕾丝本身而言，其具有的神秘、性感、优美、纤细但富有韧性等特征，这与女性精神的隐喻特性不谋而合。蕾丝的产生将权力欲望与女性的魅力完美结合，这种特性在英国女王伊丽莎白一世身上得到印证，蕾丝拉夫领饰将女王的美丽、坚韧、智慧与权利展露无遗。蕾丝的运用还将服装的遮蔽与暴露巧妙地融合在一起，主要应用于女性服饰、女性内衣上，任何装饰品辅之以蕾丝元素都会添加一些奇妙的韵味。

在蕾丝实物用于各种服饰和家纺产品的同时，在现代印花产品中仿蕾丝纹样也成为一种时尚的潮流。用类似纹样与其他纹样的结合，很好阐述了蕾丝的神秘、隐喻、性感、优美、纤细等女性精神的特性（图2-6-6）。

七、水彩纹样

水彩画就其本身而言，具有两个基本特征：一是画面大多具有通透的视觉感觉；二是绘画过程中水的流动性。由此造成了水彩画不同于其他画种的外表风貌和创作技法。颜料的

透明性使水彩画产生一种明澈的表面效果，而水的流动性会生成淋漓酣畅、自然洒脱的意趣。在纺织品纹样设计中，特别在花卉纹样设计中水彩也是常用的手法之一。本节所说的浸染水彩纹样，是特别注重水彩透明性、流动性、叠加性、渗透性、空灵性、泼溅性特征，充满活力的一种水彩表现方法。其纹样一般具有强烈的视觉冲击力和感染力，以及令人沉醉的大面积晕染，强

图2-6-5 街头涂鸦纹样
图2-6-6 花卉与蕾丝结合的纹样。
《蕾丝的畅想》，作者：徐永清，指导教师：龚建培

图2-6-6

图2-6-7

图2-6-8

图2-6-9

调手绘的魅力，并不追求对象的写实，又会在虚化中隐藏一些令人惊喜的细节。这种方式能轻松地表现花卉、水果、生活用品，有些花卉就是独立的花头，表现色彩的肆意泼洒，给人清新、潇洒、淋漓尽致之美。有的纹样就是抽象色彩与水的晕积、分离、泼洒、痕迹、斑点、散开，有的是繁茂绿叶与纤薄花朵的花团锦簇，甚至是残缺流体的"徒手轻弹"和不规则的褪色结构等，迎合了不同消费者的需求（图2-6-7）。

八、科技纹样

所谓的科技纹样主要表现的是人们对科技观念和科技现象的认知和理解，对未来科技发展的期许。在科技纹样中，量角器、尺子、数学仪器、线路板、建筑透视图、量子聚变、卫星、航天器等，都是常用的题材。这些纹样代表人们对传统科技的尊重、对未来科技的期待、梦幻。一般来说科技纹样以冷色为主，表现出人类对未知的探索与向往。此类纹样在青年男女的服饰面料中应用较多，在家纺产品的墙布中也常见运用（图2-6-8）。

九、骷髅纹样

骷髅纹样本是西方万圣节的一种特有的装饰形式。为了保护自己不被恶灵伤害，人们穿上看起来像鬼的衣服，并且准备面包、鸡蛋、苹果等食物当供品以求好运。人们戴着面具，穿着迷惑鬼魂的鬼服，挨家挨户收供品。

骷髅纹样在年轻一代的观念中，象征着永恒、力量，代表着追求自由、反叛约束，同时也代表新的开始，也可以理解为改变命运、追求新的人生。

骷髅纹样的设计可以是黑白为主的单色，也可以是多种颜色组成。现代的骷髅纹样还常常与玫瑰等花卉、心形纹样、万圣节道具等结合，更多体现出对生命的尊重、对人生的叛逆、对生活观念的颠覆等（图2-6-9）。

十、思考与练习

1. 纺织品纹样一般从哪几个方面来分类。

2. 从题材分类的角度，请列举出10种以上的花卉纹样。

3. 动物纹样一般如何分类以及各类的特点。

4. 从艺术风格的角度，列出5种以上你比较熟悉的纹样名称，并简述其特征。

5. 你对哪几种流行纹样比较熟悉，从网络中找出相关案例。

图2-6-7　淋漓酣畅地浸染水彩纹样
图2-6-8　科技纹样
图2-6-9　与蕾丝组合的骷髅纹样

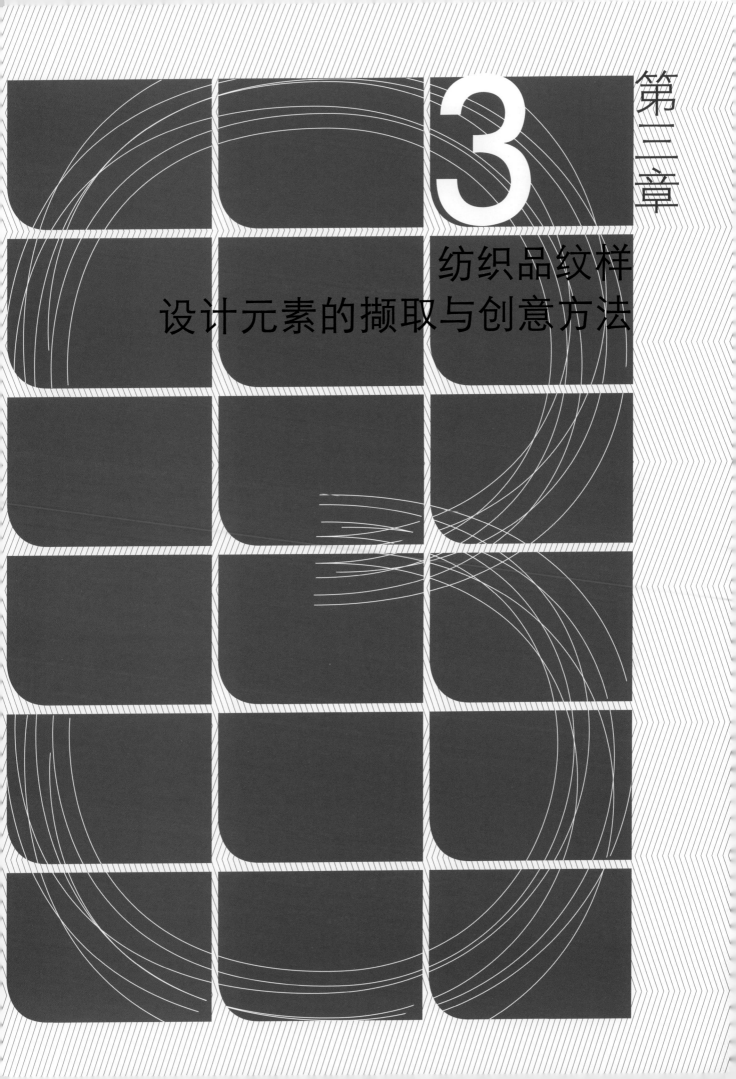

3

纺织品纹样
设计元素的撷取与创意方法

图3-1-1

图3-1-2

第一节 纺织品纹样创意设计的素材

素材是纺织品纹样创意设计不可缺少的组成部分，是创意灵感的基础与原动力来源。素材启发灵感，进而产生联想、想象、感受、体悟，再而才能创造，形成独具个性的纺织品纹样作品。

纺织品纹样设计理念的开放性、现代性，表现手段的广泛性、灵活性决定了其素材取向的无限定性。不管是社会文化生活还是自然世界的各种素材，只有通过设计师独到的领悟和对其深层寓意的理解，利用自己丰富的想象与创作激情的结合，才可能将它们触发成为设计的灵感。各种素材和灵感都有其独特的构成形式和鲜明的形象特征，设计师必须用自己的眼睛、思维方式和敏锐的洞察力去发现、感知它们。善于运用联想、想象、概括、提炼、归纳、组合等处理方法，使素材成为创造的精髓和灵魂，同时又要注意不要让素材束缚住我们创意想象的翅膀。

一、传统、经典文化素材

当我们理智地分析和解析现代或当代纺织品纹样的作品及风格特征时，可以发现任何现代纺织品纹样作品都不可能是所处时代仅有的、孤立自发的创造，都可以从中寻觅到纵向历史的或横向时代的脉络，都可以看到传统文化内蕴在其中的延伸。现代纺织品纹样对传统文化的学习和借鉴，应该是多角度的吸取，融合了诗歌、绘画、建筑、纺织服装及一切人类的文化遗产，通过借鉴、继承、发展，赋予新的形式、新的理念。

从工艺美术到绘画艺术，从淳朴的民间艺术到豪华的宫廷装饰，从古典园林建筑到新石器时期的陶器，从传统瓷器、漆器装饰到织绣纹样等，优秀传统文化遗产中有许多器物造型和装饰纹样都可以是今天纹样设计的经典元素。同样，外国的装饰艺术和绘画艺术中，从古希腊的瓶画到罗马艺术装饰，从蒙德里安的冷抽象到康定斯基的热抽象，从日本的浮世绘到欧美的现代派绘画等传统或经典文化艺术的造型、表现方法，也都是我们纺织品纹样设计的元素来源（图3-1-1、图3-1-2）。

图3-1-3

图3-1-1 日本寺庙的门帘纹样设计
图3-1-2 以中国传统陶瓷为题材的纹样设计。
《永恒的青春》，作者：孙倩倩，指导教师：龚建培
图3-1-3 以热带织物为素材的墙布纹样

二、自然文化素材

大自然除了赐予人类生存繁衍所必需的空气、阳光、水、植物等以外，山川河流的雄伟壮丽，奇花异草的纤巧美丽，春夏秋冬的日月轮回等，不仅为纹样设计创作提供了丰富多彩、用之不竭的素材和灵感宝库，同时也贡献给我们创作的直接素材，也为纹样设计提供了取之不尽的美之形式的启发、感悟。

回归自然和对生态关注已成为世界性的热点与艺术创作的主题。在纺织品纹样的设计中，设计师们通过

图3-1-4

图3-1-5

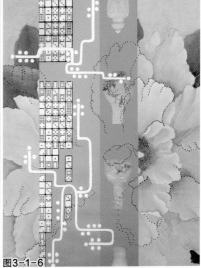

图3-1-6

对自然物态和自然色彩的关注、塑造、表达人们对大自然的眷恋，强调人与自然的和谐，表现人的自然属性和大自然的纯真与纯美。自然文化的发展还清晰地告诉我们，每一种文化艺术的发展还必须注意从人和自然的角度去界定价值趋向和实践态度，要考虑到人及社会的持续发展与完善。在我们对自然素材的采撷和运用中，应该较好地体现自然文化的诸多层次的潜力和生态特征，将它们既作为人类生存价值的最终体现，也是对人类价值目标与追求的根本性限制（图3-1-3、图3-1-4）。

三、文化艺术素材

纺织品纹样设计从它的发展之始，就受到各种其他艺术形式的影响，也从其他艺术形式中不断获得发展的原动力。如从纺织品纹样设计师的个体创作来看，各种文化艺术素材对创作灵感的激发作用更为明显。如音乐和文学本身虽然不具备可视的形象，然而它们能使人们产生联想，唤起对形象美的感受；另如现代纤维艺术、观念艺术、行为艺术、装置艺术、舞台美术、餐饮艺术，甚至是摄影艺术等理念的影响是显而易见的，它们从相关艺术形式中获得的某种革新性启示，实现了一次次艺术形态上的多元结合、

创新（图3-1-5至图3-1-7）。

四、社会焦点素材

社会制度的变革、社会文化的新思潮、社会运动的新动向、社会时尚的新流行，不但改变着人们生活，也影响和改变着人们的世界观、价值观和审美观。由于不同的经济、政治、文化传统以及环境等影响，在同一时期、不同地域中的社会焦点问题也常常成为纺织品纹样设计师们关注的素材。

如今网络占据了人们生活的大部分时间，人们会在网络上进行社交甚至用网络工作。这就需要设计师了解网络对人们当下的消费产生怎样的影响。例如，当人们在网络上购物时，他们对纺织品纹样的选择与在实体店中有何不同？这种不同是仅限于很少的一部分消费者还是一种大众趋势？全球重大事件也会影响到纺织品的设计。例如，像世界杯和奥运会这种重大的体育赛事会促使设计师设计大量与体育相关的题材。一些社会文化事件也会影响设计方向。例如，重要历史事件的周年纪念可能会引起与该事件相关的设计风格再度流行。一部有着强烈艺术风格的电影或是国际性的展览也会引发一些新的流行。另外，关于"人类对和平环境的期望"这一社会问题，也是许许多多纺织品纹样

图3-1-7

图3-1-4 以动植物为题材的纹样设计。
《春之序曲》，作者：张春娴，指导教师：龚建培
图3-1-5 受音乐启发以乐谱纹样为主体的作品
图3-1-6 文化艺术题材的纹样设计。
《闲情逸致》，作者：蒋煜婷，指导教师：龚建培
图3-1-7 以餐饮文化中的餐具为题材的纹样设计。
《花间狂想》，作者：蔡雅霜，指导教师：龚建培

钟爱的主题，表现出人类共同的一种愿望（图3-1-8）。

图3-1-8

图3-1-9

图3-1-10

图3-1-8 题为《为自由而欢呼》的壁毯纹样
图3-1-9 日本和服纹样设计
图3-1-10 科技文化题材的纹样设计

五、民族文化素材

世界各民族都有着各自不同的社会背景、地域特点和民族文化，在宗教观念、价值观念、审美观念、文化艺术、民俗民风上都体现出各自的特点和个性。这些各具代表性的民族特征和民族文化之间的互动也是纺织品纹样设计师创灵感的来源，历来受到纺织品纹样设计师的重视。

对民族文化素材的学习、借鉴和运用，不是对某一方面简单地模仿或照搬，而需在深刻理解其民族文化内涵、民族文化灵魂的基础上，以现代的思维方式和表现手段进行多层次的再创造。如日本纺织品纹样设计师的作品中，整体上体现出一种浓郁的日本民族文化的内蕴，也表现出他们对传统民族文化的尊重。但可喜的是日本纺织品纹样并没有将民族文化视为一种化石，而是将它们的哲学内涵、自然的情怀融到自己的作品之中，形成了独一无

二的、鲜明的民族风格和民族气质（图3-1-9）。

民族文化素材的运用往往同时表现为两种或多种民族文化的互动，这也是一种作用与反馈互为因果的连续过程。我们对本民族文化的学习，可以保持本民族文化的更好延续发展，使本民族文化更具发展的能力、魅力。而在对其他民族文化的借鉴中，不要失去自己民族文化的根本，不要放弃自己民族文化的特点。

六、科技文化素材

科技的进步推动了社会及经济的发展，也改变了人们的生活方式。高科技、网络信息化、基因工程、生物工程等的高速发展，不但给纺织品纹样设计师带来了新的纤维材料，新的技术加工方法，新的信息来源，同时也带来了无限的创意空间及全新的设计理念。

在纺织品纹样中对科技文化的运用首先可以表现在材料和技术手段等方面，大大丰富了纺织品纹样的材料资源。现代数码科技的发展，使数码编织、数码印花技术越来越走向成熟，也为现代纺织品纹样表现语言的拓展提供了多元发展的可能。其次，科技文化的思维方式同样也会给纺织品纹样的设计带来一些理念上的突破，如运用数学逻辑思维方式递增、递减、比例、排列、组合、添加以及几何化等手段构成纹样的变化；运用解剖学手段将某一植物的纵剖面、横截面、斜剖面、肢解等造成的变形；运用生物学手段变化构思，如运用移花接木、嫁接生态过程的组合和杂交手段创造新的形象；运用仿生学的手段变化构思，运用拟人、拟物等手段造成物象的装饰变化（图3-1-10）。

七、偶发形态素材

现代科学技术（如摄影技术、电影蒙太奇处理、计算机图形处理等）、特种工具（如海绵、丝瓜筋、喷笔等）、特种材料（电化铝、大理石、玻璃等）、特种技法（渗化、拓印、喷洒、烟熏、刻刮、拼贴、镶嵌、编织等）的运用，大大地丰富了纹样的表现手段，这些表现手段所表现的特殊肌理效果也拓展了自然万物的固有形态。运用偶发的"巧形""巧色"的引发进行想象，因"形"施艺、因"材"设计，在抽象的自然偶发形态基础上，随机应变、因势利导，进行相关的添加、补充、完善等艺术加工，创造出介于感性与理性、抽象与具象、偶然与必然之间的"似与不似"的耐人寻味的新纹样（图3-1-11）。

八、异质同化和同质异化素材

所谓异质同化，就是指不同性质的事物运用同一种表现形式的思维方法，如不同的题材，采用同一种构成形式；或者不同的材质制造相同的器物造型。比如借鉴传统艺术的造型或纹饰的构成形式，配置以现代的材料或题材内容；再如借鉴唐代卷草纹样的风格，设计一幅二方连续的现代花

图3-1-11　水彩水渍造成的偶发形态
图3-1-12　同质异化的纹样设计

图3-1-11

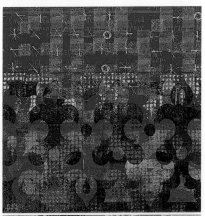

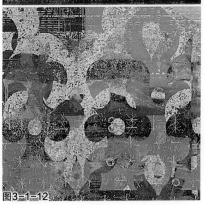

图3-1-12

卉纹样，虽然纹样素材改变了，但是构成形式和表现手法却相同。

同质异化是同一种题材可以采用写实、写意、抽象、变形等多种表现形式，这种思维方式属同质异化思维法。例如，将唐代带状卷草纹样加以改造，设计成不同的环形二方连续纹样、四方连续纹样等。相同的内容，可以运用不同的构成方式和造型技法来表现。以上两种思维方法仅仅从不同的侧面为大家提供了艺术设计的思路和方法，艺术设计思维能力的强弱很大程度上取决于设计思维的流畅度、深度、独创性，以及敏捷性、逻辑性等思维品质的高低（图3-1-12）。

第二节 纺织品纹样创意设计元素的撷取方法

纺织品纹样设计元素的获得一般可分为直接写生、间接获取、借鉴拓展、综合运用、装饰变化法等五种方法。此处所论及的设计元素，一是指用来进行设计创意的基础形象资料，即存在于自然或人文环境中的物象，可以通过直接写生、间接获取的方式获得；二是在传统设计、经典设计或现有设计作品中，可以通过借鉴运用到自己的创意过程、纹样设计之中的部分优秀元素。

一、直接写生法

直接写生，是指利用钢笔、铅笔、毛笔等不同的工具，根据所见的物象，利用特定或自己擅长的方法，获取对象的形态、结构、细节、色彩等的方法。直接写生法可以分为线描写生法、素描写生法、影绘写生法、色彩写生法、标本写生法、影像记录法等几种。在直接写生的过程中，人们一般会根据自己所需要的内容对写生对象的结构、形态、角度等，进行局部的删减或重组。

（一）线描写生法

线描写生法指使用铅笔、毛笔或钢笔等，对写生对象进行线条描绘。可采用中国传统白描的勾线方法，利用线条的转折、顿挫、粗细、曲直、浓淡的变化，生动记录、刻画对象的轮廓、结构、特征等（图3-2-1）。

（二）素描写生法

素描写生法主要通过对对象的结构、明暗、比例、投影等方面进行精确的记录，充分表达对象的形和体。用线的方向要按对象的结构和肌理的方向进行描绘，如花瓣的花脉方向，叶子的叶脉方向等，避免形象的呆板、生硬。素描写生法主要可以分两种：

1. 光影法

完全运用素描写生的原理和方法，以光影明暗来表现对象。素描写生可以用铅笔、钢笔等工具（图3-2-2）。

2. 明暗衬托法

在线描稿的基础上，衬上一定的明暗调子，故也称为明暗衬托法。

（三）影绘写生法

影绘写生法的描绘，注重对象的形态和轮廓，犹如灯光下物体的投影一般。写生时一般使用一种颜色平涂，用色不分浓淡，概括记录对象的外形、姿态、动势、穿插等关系。影绘写生法通过概括取舍，能抓住对象整体的精神面貌，特别强调块面大小的协调关系。写生时多采用中国传统绘画的没骨法或水粉画的用笔法，用笔需要直接肯定，使画面生动活泼，避免生硬刻板（图3-2-3）。

图3-2-1　线描写生花卉
图3-2-2　钢笔素描写生
图3-2-3　以黑白为主的影绘法
图3-2-4　绣球花色彩写生　钟茂兰
图3-2-5　杜鹃花的标本写生

图3-2-1　　　　　　　　　图3-2-3　　　　　　　　　图3-2-5

图3-2-2　　　　　图3-2-4

（四）色彩写生法

色彩写生法是运用水粉、水彩等彩色颜料，准确描绘对象的形象和丰富的色彩变化，产生鲜明的艺术效果，色彩写生大致上可分下列几种：

1. 水粉（或水彩）法

采用水粉、水彩画的材料和技法进行写生，这种方法可以只描绘对象，也可以通过背景着色来加强对象的光影、色彩氛围来表达（图3-2-4）。

2. 淡彩法

在线描的稿子上，施以淡彩渲染，特点是既能较快地记录对象的形体，又能迅速描绘对象的色彩和明暗。

3. 限套色写生法

以水粉颜料为主，在影绘写生的基础上，可采用3-6套色对对象的结构、色彩等进行概况性的描绘。此方法要套色清晰，色彩不能混用，有些写生稿稍经调整就可以运用到纹样设计之中。

（五）标本写生法

标本写生法也称为博物馆标本法，源自植物学家对植物生长结构的研究和记录。在照相机技术完善之前，绘画成了记录自然界真实状态的一种重要方式。15世纪到17世纪是地理大发现时期，随着欧洲人前往从未知道的异域冒险，各种当地的奇花异草、珍奇异兽也陆续被人发现，人们用画笔把这些大自然的宝藏记录下来。这些画作能够满足当时一般人的求知心，并获得很好的商业价值，还为学者们提供了珍贵的科研素材。标本花卉的主要功能是进行植物研究和科普辅助，这种绘画方式讲求写实和严谨，要凸显其特点，它是科学和艺术完美的结合。标本花卉不强调典型的自然光影效果，而要避免背景光线对个体差异的影响，表现和还原植物最容易被认知的状态。植物的根、茎、叶、果实和花朵，如果有需要都可以尽量表现出来。标本花卉写生使用的绘画工具非常多样，常用的有水彩、水粉、油性彩铅、水性彩铅、铅笔等。其表现特点为：一是要明确了解植物的形态、结构关系，并用明暗表现出来；二是严格按照花卉生长原理，真实描绘对象，

要囊括和突出植物的特征性、真实性，不会为了形式美而牺牲标本花卉特有的科普功能（图3-2-5）。

（六）影像记录法

随着科学技术的进步，各种数码产品的小型化和像素技术的提升，在写生的同时也可以运用摄影、摄像的方法，从不同角度记录对象的姿态、结构、色彩等，作为写生的一种补充。

除上述列举的几种写生方法外，有时还可作局部写生和默写。局部写生可以从不同角度观察对象，对精华和特征之处，作更为详细的描写。默写是培养记性、储存形象、熟练技巧的一种有效方法，形象在设计者心中潜移默化后，在设计时会更胸有成竹，更得心应手地描绘各种形态（图3-2-6）。

二、间接获取法

随着时代的发展，人们获取图像的渠道也越来越宽泛。大量的设计元素、素材可以通过画册、网络和设计资源库，以及自己的影像记录库获取。间接获取法与直接获取法比较，前者获取设计元素更快捷，信息量也大，但同时存在着获取元素的被动性、平面化等问题。

三、借鉴拓展法

借鉴是设计工作中不可或缺的重要环节，借鉴不是照抄和照搬，借鉴是从其他设计作品中学习和汲取对自己创意有用的元素、经验，是在前人或他人的设计成果中获得启示和拓展途径。人们常说的创新就是在已有元素上的重新组合，此话不无道理，关键是我们以什么样的视域和途径来组合，在原有创意基础上怎样获得一种全新的拓展和延伸。同样一个元素，不同的创意思路，不同的叙事方法，不同的表现途径，不同的细节延展，都会得到千变万化的设计结果。

四、综合运用法

纺织品的纹样设计往往都不是通过单一的途径来获得设计元素的，设计元素是要依靠长期的不断的积累，

图3-2-6　影像记录的花卉

并在设计实践中学会和建立符合自己的借鉴眼光和方法。综合和跨界的设计元素获取方法是获得更多、更新的创意思路的前提，也是多角度创新的途径。

五、装饰变化法

不管是通过什么方法获取的设计创意元素，很多时候并不能直接用于纹样设计之中，需要进行特定的装饰变化，以符合特定设计的需要。因而，在直接或间接获取的元素和纹样设计之间，还存在着一个"变化"的环节，即以变化为之适用。

本节所说的"装饰变化"，是指在对自然物象的观察、捕写、记录或已获取间接资料后，进而对相关形象进行的简练化、明确化、条理化、程序化地从繁就简，强调形象的典型特征，创造出超越自然形象的"新形象"的设计工作过程。这里说的"新形象"既要达到装饰性、表现性、叙事性的效果，又要符合生产工艺条件和市场、消费者的需要。一般来说，装饰变化可概括为以下五种方法。

（一）省略与夸张

省略——就是简化之意，即抓

住对象的主要特征进行高度概括、提炼、归纳，将可有可无的部分进行删减、省略，使复杂的变简单、繁琐的变简洁，让自然形态更典型更集中。同时使对象更为鲜明突出和便于工艺制作。省略是艺术的简约，常与夸张并用，相辅相成（图3-2-7）。

夸张——即突出对象的本质特征，然后加以夸大和强调，使其更加典型化、突显化。这种夸张可以是对整体或某一局部的特征进行明显的、大幅度的强化，夸大专有特征、形态，如使方的更方、圆的更圆、弯的更弯、直的更直、动的更动、静的更静等。但夸张要适度，避免荒谬、丑陋之感（图3-2-8）。

（二）添加与巧合

添加——在原有素材的基础上，增添某些元素进行装饰组合，使纹样形象变得更丰富、更完善、更理想化。添加也可以是在一种形象上加入另一种相关形象，在纹样设计中花中套花、叶中套叶等便是典型的案例。添加法有同质相加和异质相加的两种主要途径（图3-2-9）。

巧合——巧合纹样能给人以精心设计、奇妙无比的感觉。一种是容易使人产生错觉的共享式"中性图形"，如莫高窟藻井中的三兔三耳纹样，另一种是荷兰画家埃舍尔的图底反转"各向异性"的设计作品，其中背景形成图形、图形退成背景连续交替的双向性，异形互补互嵌的巧合性。再有一种是图形递复、情节递复的手法，从甲形渐变成乙形，过渡得天衣无缝（图3-2-10）。

（三）拟人与拟物

拟人——将表现对象进行人格化的变化，将人的精神特征、表情特征、动作特征、生活特征转移到所表现的对象之上，使其充满人情味和生活趣味。如将人喜、怒、哀、乐的表情用到动物或植物之上，使动物或植物具有人的动作特征等（图3-2-11）。

拟物——使表现的对象模拟另一种物态的外形、质感、组合等。如表现玫瑰纹样时，使它的形态模拟绳线、蕾丝、焰火等（图3-2-12）。

（四）分解与组合

分解——是将原有形象进行拆分或切开，再进行相应编排的一种方法（图3-2-13）。

组合——选择某一或多个形象的典型部分，进行重新编排，组合成新形象的变化方法（图3-2-14）。

（五）变形与抽象

变形——是抓住对象的内在或外在特征，根据设计要求，有意识地改变它的原有形状，通过缩小、放大、伸长、缩短、变粗、变细等手法，使对象的外形或局部变化为某一几何形或特定的形态。变形时设计师可以不拘泥于自然形态，这是一种有意识强化和美化对象的思维方式和表现手段。有时，与实际存在距离较大的变化反而比写实的造型更为生动、更吸引人。变形的关键在于要保持对象之本质特征，而不拘泥于无关紧要的细节（图3-2-15）。

抽象——将自然形态去繁就简，组成方、圆、椭圆、三角形等介于抽象和具象之间的形态，给人以"意到笔不到""似与不似之间"的感觉。还有一种不规则的手法，用点、线、面等造型元素加以适当的安排组合，使纹样有自由、生动、多变及现代之感（图3-2-16）。

图3-2-7　省略法的花型纹样
图3-2-8　以夸张的方法描绘的花卉花蕊
图3-2-9　以添加的方法对花卉进行的装饰
图3-2-10　巧合纹样中的典型代表千鸟格
图3-2-11　拟人纹样
图3-2-12　以折纸形态表现的鸟纹样
图3-2-13　分解组合纹样
图3-2-14　编排组合纹样
图3-2-15　鸟类的变形纹样
图3-2-16　花卉纹样的抽象表现

图3-2-7

图3-2-8

图3-2-9

图3-2-10

图3-2-11　　　　　　　图3-2-12　　　　　　　图3-2-13

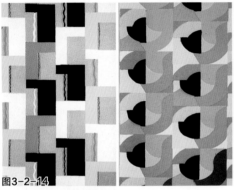

图3-2-14　　　　　　　　　　　　　　　　图3-2-15

图3-2-16

第三节 纺织品纹样创意设计的形式要义与创意方法

一、纺织品纹样创意设计的形式要义与表现

所谓的形式要义可以理解为常说的"形式美法则"，其终极目标是多样统一和谐之美。一般认为形式可以划分为若干层面。如要素层面——形态、线条、体积、空间、光影、色彩、肌理等；秩序层面——统一与对比、均衡与对称、比例与尺度、重复与韵律、规则与秩序等；抽象层面——点、线、面、体、色彩等。我们如何认识、解读形式的各种要素，并运用秩序层面的视觉语言、基本法则来分析、解决纺织品纹样设计中的问题，是纺织品纹样设计训练中的重要环节。

（一）统一与对比的形式要义与表现范式

统一性早已成为公认的艺术评价原则之一，同时也是所有艺术作业和艺术创作必须遵守的准则之一，假若一件设计作品，整体上杂乱无章，局部里支离破碎、互相冲突，那就根本无法成为一件好的设计作品。一件设计作品的价值，不仅依赖不同要素的数量，更有赖于设计师将它们在统一的基调上进行协调地处理和安排。最经典的纹样设计，同样是将繁杂的元素变成高度统一的整体，这已经成为人们普遍承认的定律。

在纹样设计中，一般大可不必为多样化的构建和存在担心，也不用担心组合成整体所必需的各种不同要素的数量，在纹样设计的过程中会自发形成多样化的局面。当纹样设计可以满足复杂的使用目的时，纹样本身的复杂性势必会演变成形式的多样化。因此，一个设计师的首要任务是如何将那些多样化的元素精心组合成引人入胜的统一体。

对统一问题的研究，不管是对设计师还是学习设计的准设计师来说都是一项不得不面对，且非常具有挑战性的课题。

纺织品纹样设计并非简单而单纯地将各种元素进行组合，必须通过一个主题或结构将所有可能展现的元素和情境结合起来，成为一个和谐、统一的整体。要做到这一点，有两个主要的方法：第一，通过纹样中次要元素对主要元素的从属关系的调整；第二，通过构成纹样的所有元素的细节、尺度、色彩或趣味形式的协调。所有较小元素从属于较重要和支配地位的元素，无疑成为追求统一的共同原则（图3-3-1）。

（二）均衡与对称的形式要义与表现范式

均衡分为绝对均衡（或称规则均衡）和非绝对均衡（或称非规则均衡）两种。绝对均衡也即我们常说的对称。

绝对均衡要求纹样对称的两边形态完全一致。非绝对均衡其相对对称的两边，纹样形态可以是稍有变化，也可能是完全相异，也即纹样中心两边可以由不同的元素构成，但视觉上的分量是相当的。在纹样设计中，均衡是任何设计对象都需要满足的视觉特性之一。事实上，世界万物的存在和发展无不依赖均衡的原则。整体的生态发展是这样，微观的事物的存在也亦如此。

具有良好均衡性的纹样设计，往往在均衡中心上予以某种强调，凸显中心或均衡中心上的视觉位置，以引起一种满足和安定的愉快情绪。（图3-3-2）。

（三）比例与尺度的形式要义与表现范式

任何设计师都会认可比例在设计中的重要性，纺织品纹样设计同样如此。纵观所有的经典纹样设计，一定都是成功地把握了整体与细节的比例关系，而优美的比例是纯理性思考与不断实践的结果，而非直觉的产物。自然界中每一个物象或生物都有隐藏其中的

完美比例关系，这些都是大自然的造化，也是我们必须加以观察、领悟比例关系的源泉。

所谓的比例，包括纹样局部之间的尺寸和形状的比例，以及更为重要的局部与整体间的尺寸比例。好的整体布局往往可以发展成为一个精心构成的比例体系，好的纹样设计总是通过单元之间各种尺度比例的变化，使它们归纳到整体的尺度比例中去，以此完善彼此之间的关系。在整体尺度比例中，占控制地位的要素是必须统领其他次要元素的，我们必须清晰地认识和把握其中细微的差别。

想取得优美的比例，没有什么捷径可走，只有细致入微地研究、实践和三番五次地反复推敲每个元素，试验不同尺度比例的效果，直至主次关系的尺度比例变得完美无瑕。在此过程中，廉价的草稿纸和图解思考的过程是最能帮助到我们的。

图3-3-1　多样化的元素对立统一的精心组合
图3-3-2　均衡与对称美妙关系的认知与表达

图3-3-1　　　　　　　　　　　　　　　　　　　　　　　　　　　　图3-3-2

我们必须充分认识到，在纹样设计中比例既是整体与局部之间的关系，而且这种关系是必须符合逻辑的，同时又必须满足理性和视觉的要求（图3-3-3）。

（四）重复与韵律的形式要义与表现范式

在纹样设计中重复是常用的手法之一，所谓的重复即相同或相似元素的反复出现而显现的一种属性。在纹样设计中，元素的重复，包括形态、色彩、点、线、面等。纹样的视觉效果表达，常依靠这种重复产生的韵律关系来协调和整合整体关系。元素的重复会加强形式的表达和丰富性方面的感知，而情绪上的认识和理解又促成重复感染力的增强。

韵律在生活中俯拾皆是，并广泛渗透于整个人类生活之中。如生理上的心跳、呼吸是自然界中最强烈的韵律现象。从原子里的电子旋转，乃至行星在巨大轨道上的运行，这些都是韵律在整个宇宙中的微观和宏观现象。

韵律是使任何一系列本来并不相互连贯的感受，获得规律化的方法之一。比方说，一些散乱或单调的点，要使它们规律化，就可以将一定数量的点进行相应的组合，使整体的效果获得可以被认知的重复和视觉连贯性。不规则的重复同样可以产生一种韵律美，这种美来自从渐强至高潮，从高潮到渐弱再到休止的反复多样的运动。

重复和韵律可以通过几种方式来展现和获得：其一，相同元素的重复——元素相同，通过改变间距而不破坏韵律的特点。其二，尺寸的重复——元素的间距尺寸相等，但元素的形状、大小可以变化，而韵律依然存在。其三，元素渐变的重复——相同或相似的元素通过规律、不规律渐变，形成一定的韵律效果。也即可以通过由大渐小或由小渐大的变化，形成递减或递增等具有渐变、运动感的韵律（图3-3-4）。

（五）规则与秩序的形式要义与表现范式

在纹样设计中所谓的规则在宏观上指为协调元素与元素、元素与整体之间的各类关系而形成的基本规定或约定，如前文所述的"对比统一"；在微观上主要指纹样的组合方法和纹样外形的视觉效果，如常说的规则形纹样（矩形、圆形、三角形、平行四边形、正多边形等）和不规则形纹样（规则形以外的形）。秩序主要指有条理、有组织地安排各元素的构成，以求达到正常或良好的视觉效果。

规则与不规则的纹样会产生全然不同的视觉效果，适用于不同的纹样或工艺设计的要求。规则的纹样一般会产生一种庄重、爽直、明确的印象，也容易形成相关的秩序。不规则的纹样一般充满流动和运动的感觉，会造成令人意想不到的视觉感染力，比规则的纹样更具个性、自然性和人情味，相对而言难以形成一定的秩序。在纹样设计中选择规则或不规则形态，大多由设计的使用功能和定位人群决定。如作为卧室空间中的墙布纹样设计，规则纹样所造成的安定感自然是首先需要考虑的问题，除非附加别的特殊条件。另如在较为拥挤的空间中，规则纹样比不规则纹样会给视觉带来更多的秩序感，反之则不然（图3-3-5）。

二、 纺织品纹样的创意方法

（一）主题表现的创意方法

主题表现性创意是拥有某种主题思想，有一定指向性内容的创意方法，具有较明确的内容选择范畴与可感知的统一性特征。根据国际流行色权威机构调研、整合、发布的关于纺织品的纹样流行趋势预测而拟定的若干主题，是纺织品设计实践的重要参考。这些主题限定了设计表现的风格、色彩、款式和设计手法，使设计过程指向明确，从而让产品更具市场潜力，更大程度地发挥设计的价值。例如，主题的概念可以是宏观抽象的，也可以是微观具象的。宏观的主题往往受到政治、经济、文化等社会因素（如绿色家园、回归自然、以人为本、民族化等话题）的影响。而主题的具体化呈现往往要关注地域文化、小众文化、潮流文化的表达，分析提取主题特征加以转化。

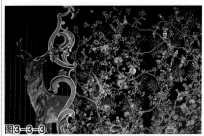
图3-3-3

图3-3-4

图3-3-5

图3-3-3 良好比例与尺度的取得是一件煞费苦心的事情
图3-3-4 元素的重复与韵律的形成
图3-3-5 规则与秩序形成的视觉感染力

069

顺应时尚趋势的相关主题，我们从各类纺织品纹样设计大赛的主题选择上可见一斑。

1. 生活主题

因纺织品与人的生活紧密相关，所以生活类主题设定一直以来都是纺织品设计行业所重视与推崇的。2019年"张謇杯"中国国际家用纺织品产品设计大赛主题"宜·生活"，2020

年"震泽丝绸杯·第五届中国丝绸家用纺织品创意设计大赛"主题"丝·聚",2020年"张謇杯"中国国际家用纺织品产品设计大赛主题"潮流·生活",2021"海宁家纺杯"中国国际家用纺织品创意设计大赛主题"共生·和美"等,都在探讨和强调纺织品纹样设计与人、生活、时尚之间的关系。在这种主题影响下,近年来在纺织品纹样设计中使用自然材料(图3-3-6)、运用"人+自然"的设计元素(图3-3-7),强调环保"再利用"的设计思想在获奖作品中频频显现,反映设计行业与制造产业在新世纪表现出的社会责任与担当,环保与可持续发展成为一种设计共识,成为持续的设计主题之一。

2. 风格主题

从经典中找寻创新灵感是一种有效的设计手段,中国传统纺织品中的经典纹样是纺织品纹样创新设计的素材宝库,运用新时代的新手段去演绎和改编经典纹样,不仅对于学习与练习纹样的组合、造型能力大有裨益,更是迎合了当下的国风的潮流兴起,呈现出统一的"国风时尚",是当下最受欢迎的纹样设计主题之一。(图3-3-8、图3-3-9)。"海宁家纺杯"中国国际家用纺织品创意设计大赛2019年主题"国风·大观"、2020年主题"国风·揽胜"、2022年主题"东方·潮"也是基于这一潮流主题,释放出纺织品设计行业的时尚敏锐度与潮流前瞻性,有助于学生钻研与传承传统纹样艺术,增强文化底蕴,提升民族自信。

3. 科技主题

科技发展是国之重计,国家政策的重视让科技飞速发展,科技主题是近年来广受关注与欢迎的纹样主题之一,如2018年国际纹样创意设计大赛主题"成像未来",2021"张謇杯"中国国际家用纺织品产品设计大赛主题"互联&生机"等都明显地提出对科技的偏重,具有科技感的图形与设计技术的运用(图3-3-10至图3-3-12),使得相关的纺织品产品自带"未来感",与社会文化热点及其他领域

的文化产品形成强关联,受到广泛的市场认可。

4. 媒介主题

设计创新是多维的,在设计学科壁垒的消解,以及外部环境催生下,纺织品纹样创新设计在表现媒介的使用上也是越来越开放多元,正如2019国际纹样创意设计大赛主题"融合视像",2021"海宁家纺杯"中国国际家用纺织品创意设计大赛主题"共生·和美"等,都呈现跨界、多元的发展趋势,多维、互动和不确定性为纺织品纹样创新设计提供了新的思路。(图3-3-13至图3-3-15,)

(二)符号象征的创意方法

从符号学的角度来看,世界上一切有意义的物质形态都是符号。在纺织品纹样设计中,符号象征指的是纹样元素的符号化表现。

在传统纺织品纹样设计中的象征符号运用具有传承性、群体性、多重性等特征。

传承性:运用象征意味的纹样作为设计元素的纺织品纹样自古有之,如在传统服饰中经常出现的松鹤山石象征长寿;蝴蝶鸳鸯象征夫妻和睦;葫芦石榴象征多子多福等。与之相媲的还有众多符号类象征图形,如万字纹、回字纹、钱纹等,都是典型的蕴含美好祝福的表象呈现。其中很多象征符号至今仍然在纺织品纹样设计中被广

图3-3-6　本色自然材料制作的纹样。《构·花》,作者:吴迪,指导教师:薛宁

图3-3-7　《醉花阴》,作者:朱丹,指导教师:龚建培

图3-3-8　国潮主题纹样。《狮舞新潮》,作者:林依文,指导教师:薛宁

图3-3-9　国潮主题纹样。《鹤聚吉祥》,作者:王子源,指导教师:薛宁

图3-3-7

图3-3-8

图3-3-6

图3-3-9

图3-3-10

图3-3-11

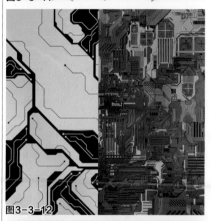

图3-3-12

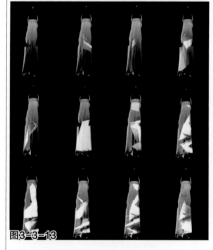

图3-3-13

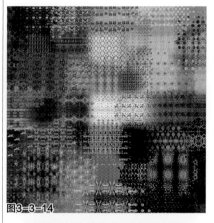

图3-3-14

图3-3-15

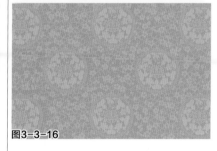

图3-3-16

泛使用（图3-3-16）。

群体性：当某些符号出现时，能够引起一部分人（群体）的情感共鸣或激发出某种心理感受，从而催生出群体认同感。在传统社会中几乎没有任何纹样仅用于装饰而不包含其他含义，纹样的设计通常具有特定意义，在某个群体中被每个成员所认可，如

图3-3-10　科技产品元素的运用
图3-3-11　计算机视觉语言纹样
图3-3-12　运用电路元素的纹样设计
图3-3-13　利用投影技术呈现的纺织品纹样创意设计
图3-3-14　互动性纹样设计，观众参与拼接图案，使纹样最终的状态形成不确定性，作者：Michael Pinsky
图3-3-15　运动性纹样生成设计，随着机械转动纹样随之变化，作者：郭耀先
图3-3-16　冰梅万寿纹，寓意长寿吉祥

具有地域特征的符号类元素佩斯里纹样、生命树纹样、文字符号纹样等（图3-3-17、图3-3-18）。

多重性：由于象征符号的形体与符号对象间的相似性的削弱，以及观众思维架构的不同，某些符号元素所对应的意指对象存在着多重性，如波浪线与鸟组合产生云的联想，与鱼组合产生水的联想，与树叶组合产生风的联想（图3-3-19）

在互联网时代，符号象征在纺织品纹样设计元素的符号化表达中呈现出崭新的面貌，更强调符号语言的国际性、计算机性（图3-3-20）。

（三）解构重组的创意方法

根据解构主义哲学原理形成的解构主义设计风格，强调"分解"的观念，由此可知解构重组是指，在形态上把原本成立的图形元素或画面通过打碎、叠加、重组形成新的基础元素，作为重组图形的依据；或是内容上把不同时期，不同观念，不同时间和不同空间的多重元素重新拼接，组合成具有创新意味或不确定风格的纹样画面（图3-3-21）。

（四）材料启迪的创意方法

此方法可以分为面料再造和非常规材料运用两方面。

面料再造是对基础面料进行立体重塑、破坏添加等方法的改造，使原来面料的肌理与质感都产生质的变化（图3-3-22）。结合面料的原有纹样设计、创新改观面料的外貌，会产生新的视觉效果和创意。

非常规材料运用是指选择特殊的材料与纹样设计中的元素结合，从而形成出人意料的创意视觉感受（图3-3-23、图3-3-24）。如光敏热敏材料在纺织品纹样设计中的运用，在不同的光线、温度条件下，纹样形成不同的视觉效果（图3-3-25）。

（五）产品形态的创意方法

产品形态是指设计产品能够满足顾客一定的指向性需求从而呈现出的产品状况。

"在产品形态创意中，要根据市场提供的基本信息明确设计的目标与方向，从而对产品的形态做出正确的

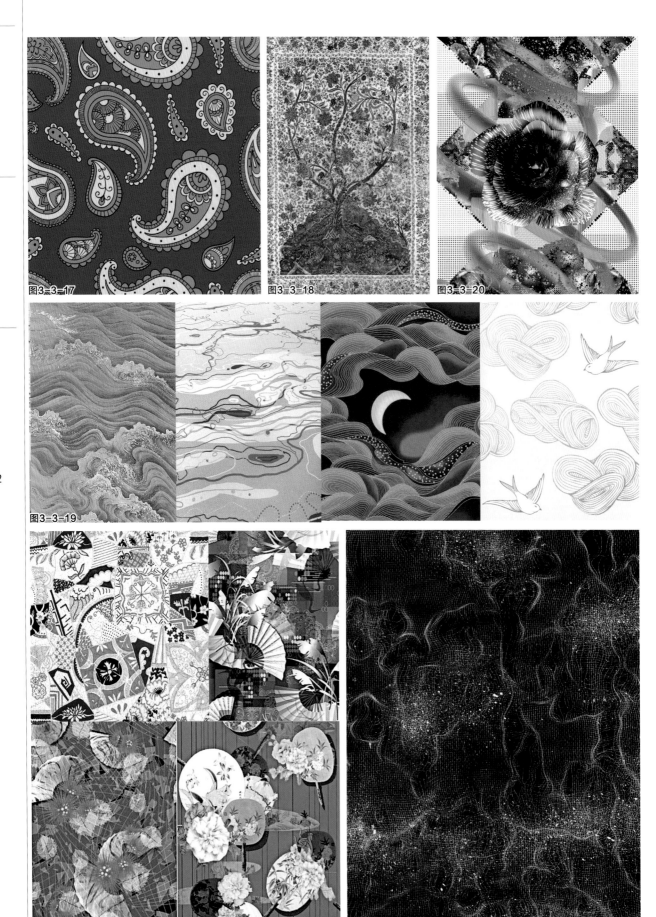

图3-3-17

图3-3-18

图3-3-20

图3-3-19

图3-3-21

图3-3-22

图3-3-23　　　　图3-3-24　　　　　　　　图3-3-25

设计定位。"[1] 一个好的产品形态不仅能带给消费者使用便利，更能唤起人们内心的共鸣，并带来艺术的享受。

针对不同用途与消费者，纺织品的外观造型千变万化，当一类产品拥有与之相匹配的外观纹样时，是对产品更准确的解读与推销。

纺织品形态创意设计将直接影响到消费者对该产品的接受程度，关系到产品在市场上的成功与否。因此，纺织品产品形态设计的几点原则就显得尤为重要：

1. 功能特征的适当表达

这一点要求产品能够通过自己的形态特征，准确地呈现出自身的功能性特征。

要求通过设计语言（结构、色彩、材料、质感等）形成产品在使用上的视觉性暗示，从而调动起使用者的心理共鸣（图3-3-26）。

2. 风格造型的确切把握

这一点要求产品通过风格造型的设计形态创意，达到贴近当下社会生

图3-3-17　佩斯利纹样
图3-3-18　生命树纹样
图3-3-19　曲线在纹样中作为水、风、云的联想表现
图3-3-20　计算机纹样
图3-3-21　不同形状的元素重组形成具有文化含义的纹样形态
图3-3-22　拉扯面料组织形成的纹样设计。《花非花》，作者：沈婧，指导教师：薛宁
图3-3-23　用热熔胶、亚克力等非常规材料制作的纹样。《风华》，作者：华钊颖，指导教师：薛宁
图3-3-24　纽扣作为非常规材料在纹样设计中的运用。《花香满庭》，作者：李思嘉，指导教师：龚建培
图3-3-25　感温变化的壁纸纹样
图3-3-26　表现惬意田园意趣的纺织品纹样配套设计

073

图3-3-26

注释：
[1] 刘国余. 产品形态创意与表达 [M]. 上海：上海人民美术出版社，2004：1.

图3-3-28

图3-3-27

图3-3-30

074

图3-3-29

活、流行趋势的目的，产品的形态设计须顺应当下的设计潮流发展趋势（图3-3-27）。

3. 形态个性的充分展现

在纺织品纹样设计中加入个性化的元素，甚至是"私人订制"的样式，不仅符合特立独行的消费要求，也能强调产品与特定消费人群之间的所属性（图3-3-28）。

（六）时尚流行的创意方法

时尚是大众对当下社会环境中某项事物或某种现象的崇尚。时尚的流行包含所谓"时效性"。在纺织品纹样设计中，选择当下流行的时尚元素，另辟蹊径也不失为一种博人眼球的好方法，例如，在2017年中国美术馆典藏精品特展后，《千里江山图》再次化身"艺术网红"，随之而来的是各个设计领域对其推崇。图3-3-29和图3-3-30，即为以图中元素为纹样

"再设计"的礼服。

这种创意方法与时俱进，要求设计师有良好的洞察力和对当下时尚领域有充分的了解。由于设计产品的生产周期会对时尚的"时效性"造成影响，对流行趋势的预判和前瞻性设计也显得极为重要。

三、思考与练习

1. 纺织品纹样创意的素材一般有哪些，并简要说明。

2. 简述你熟悉的素材写生方法及特点。

3. 纹样的装饰变化方法主要有几种？请用简单的图像予以表述。

4. 简述你对形式要义的认识与理解。

5. 以案例来简要说明纺织排品纹样设计的主要创意设计方法有哪几种。

图3-3-27 暗示生态与环保问题的纺织品纹样设计
图3-3-28 定制化符号的纺织品纹样设计
图3-3-29 以《千里江山图》为纹样元素的服装设计
图3-3-30 《千里江山图》衍生服装设计

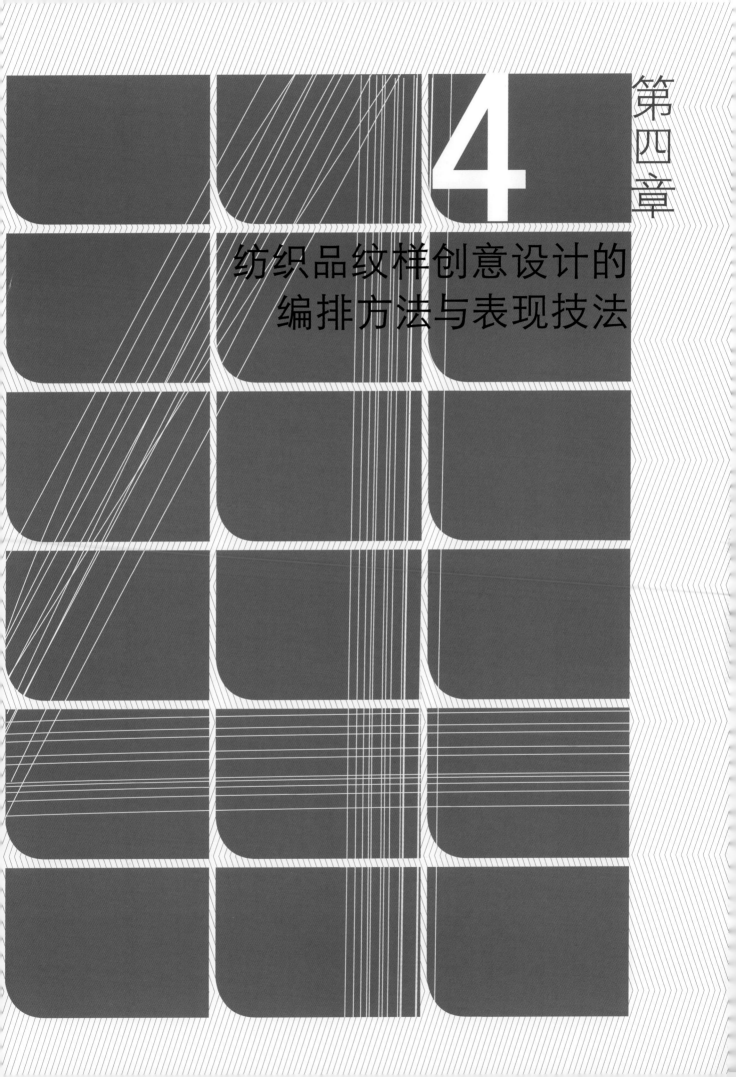

第四章

纺织品纹样创意设计的编排方法与表现技法

根据拟定的设计策略，按照特定的关系、形式、规则，对纹样元素进行变形、组织、编排、布局，形成符合设计意图要求的、具有审美情调的并利于生产条件的纹样，是纺织品纹样设计中最重要的环节之一。

第一节 纺织品纹样的编排方法与设计特点

通过不同元素的组织、编排形成不同的纹样模块或连续方式，可使纹样单向或多向延伸循环，是织物纹样设计的编排特点。纺织品纹样结构可以根据不同的元素模块组合编排，形成单独纹样、适合纹样、二方连续纹样、四方连续纹样、定位纹样等。

图4-1-2

图4-1-3

图4-1-1 对称式单独纹样示意
图4-1-2 均衡式单独纹样(和服裁片)
图4-1-3 18世纪晚期到19世纪早期法国和英国的常见织毯样式,中间为纹章式单独纹样
图4-1-4 T恤上的单独纹样,优衣库2021夏季UT系列印花T恤

一、单独纹样的编排方法与设计特点

单独纹样是一种不受限制的独立装饰基本单位，在结构样式和编排上并无非常明确的规则，它是适合纹样、角隅纹样，甚至是连续纹样的构成基础。因其编排在外形结构上无特别的限制，主题风格多元，在服饰纹样中得到广泛运用。

单独纹样按骨架特点一般可分为对称式和均衡式，对称式单独纹样以一个或多个方向形成轴对称结构（图4-1-1），均衡式单独纹样则自由伸展，以其在织物上达到重心平衡的效果为目标（图4-1-2）。

单独纹样通常布局在织物的视觉中心上。如图4-1-3织毯中心的团花纹样，图4-1-4中T恤胸前印花纹样，能够聚焦观众注意力，形成醒目的视觉重点。

二、适合纹样的编排方法与设计特点

适合纹样是指在某一特定形状范围内进行有规律或有秩序的编排，使边角完全契合从而形成适合装饰要求的纹样样式，形成均衡有秩序的视觉效果。常见的适合形状有基本的对称几何形，如圆形、正方形、等腰三角形、正六边形等，以及复合形或有机形。（图4-1-5）

（一）均衡适合

在限定图形内安排纹样元素，使其完整、饱满地填充满限定图形，充分契合，可以全面呈现出限定范围的形状（图4-1-6）。

（二）对称适合

在适合结构中，由重复的纹样元素或元素组合组成的适合纹样为对称适合纹样。布置纹样元素的一条或多条对称轴，在轴的两边对称地放置相同或结构相似的单独纹样，这样就可形成对称适合纹样。

1. 镜像对称

在适合结构中只有一条对称轴的镜像适合纹样为单轴镜像。同理，双轴、三轴镜像适合纹样也较为常见（图4-1-7）。

2. 回转对称

在适合结构内，重复纹样元素单位的分界线从中心旋转延伸，形成向心的视觉趋势，称为回转对称（图4-1-8）。

3. 翻转对称

在纹样适合结构内，重复单位元素首尾相接，形成翻转的视觉效果，称为翻转对称（图4-1-9）。

（三）放射适合

放射适合的纹样结构是围绕着一个中心点来安排纹样元素的，其基本的骨骼线都是由中心向四周扩散（图4-1-10）。这样的纹样结构可以产生强烈的视错觉，营造出明显的空间感。

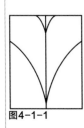 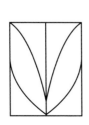 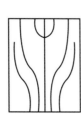
图4-1-1

图4-1-4

图4-1-5 限定图形适合纹样, 作者: 薛宁
图4-1-6 三角形均衡适合纹样, 作者: 薛宁
图4-1-7 镜像对称示意, 作者: 邹晓琴, 指导教师: 薛宁
图4-1-8 回转对称结构示意, 作者: 薛宁

图4-1-6

图4-1-5

图4-1-7

图4-1-8

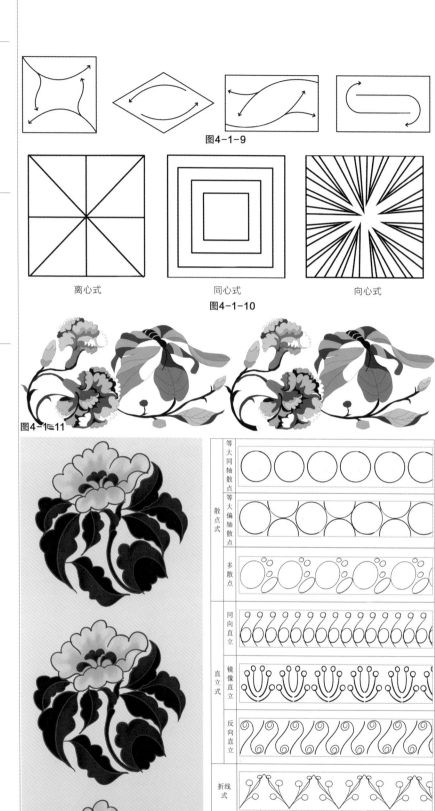

三、二方连续纹样的编排特点

二方连续是指一个单位纹样在二维平面中做横向左右或纵向上下的无限反复循环。向左右方向接续的，称为横式二方连续（图4-1-11）；向上下方向接续的，称为竖式二方连续（图4-1-12）。

因为二方连续纹样的构成限定于无限延长的带状范围内，所以单位纹样元素的重复排列所形成的连续感、节奏感十分重要，一般按纹样骨式来分，有散点式、对称式、折线/波线式、组合式等（图4-1-13）。

二方连续的图案适合放置在织物的边角位置，可以分为边布局、角布局，以功能划分时，二方连续纹样常出现在饰边或饰带上。

四、四方连续纹样的编排特点

四方连续纹样是指一个单位纹样在二维平面中做横向和纵向的无限反复循环，使得纹样可以向四周无限延伸，这样的连续性纹样是为了适应工业生产的需求。

四方连续纹样设计追求无穷无尽的连续视觉效果，在元素构图的编排方面，要注意疏密有致，松紧结合。

常见的四方连续纹样形式有平接与斜接。

（一）平接

平接版也称为对接，即单位纹样的上与下、左与右在垂直与水平方向可以完全相接，并反复延伸。这样的接版方式简单方便，所形成的元素阵列有明显的重复与稳定的秩序感。主体元素容易形成纵向或横向的直线感（图4-1-14）。

（二）斜接

相对于平接四方连续纹样来说，斜接四方连续也称之为斜接，一般来

图4-1-9　翻转对称结构示意
图4-1-10　放射适合样式示意
图4-1-11　横式二方连续
图4-1-12　竖式二方连续
图4-1-13　二方连续样式类型示意

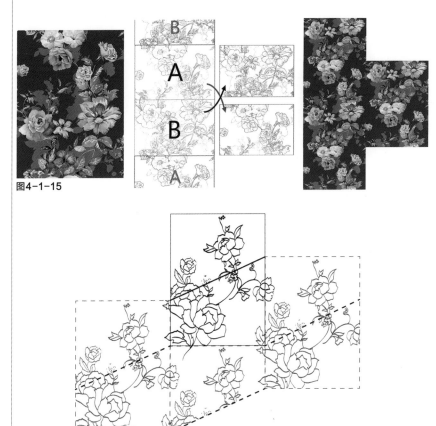

图4-1-15

图4-1-16

079

图4-1-14

图4-1-17

图4-1-18

说接版时单位纹样在单轴方向完全相接，而左右接版时按一定的比例错开，不断重复斜向延伸。斜接四方连续使单位纹样形成一定的位置落差，可以更好地隐藏接版位置，使整体纹样元素视觉效果丰富，构图编排显得错落有致，趋势感强，灵动而富有变化。

常用的斜接比例有：1/2 接、1/3 接、2/5 接 等，如 图 4-1-15 所示，1/2 接版可以理解为把单位纹的长分

为 2 等分，横向重复接版时分别向上、下位移 1/2 单位纹长度，使得位移后的单位纹的上或下边与原单位纹的 1/2 等分线对齐，完成接版。同理可得 1/3、2/5 接版（图 4-1-16）。

五、定位纹样的编排特点

定位纹样指的是在成型的纺织品产品中，依据既定的版型、款式有机地依据产品的功能位置或边界加入一定的特制形态的装饰纹样 (图 4-1-17)。这样的图案会随着织物边界弯折变形，一定程度上也强调了纺织品的功能边界，如袖口、领口等重要的版型边缘（图 4-1-18）。定位纹样的设计一般结合产品风格及功能来进行。

（一）局部定位纹样

常用于袖口与领口的边界装饰点缀，是服装类纺织品较为常见的定位图案样式，这类纹样设计时需考虑产

图4-1-14 平接示意，作者：薛宁
图4-1-15 二分之一斜接示意，作者：薛宁
图4-1-16 三分之一斜接示意，作者：薛宁
图4-1-17 强调门襟的定位纹样，范思哲希腊回纹元素衬衫；强调省线的定位纹样，范思哲LaGreca细节衬衫
图4-1-18 定位纹样在服装上的布局样式示意

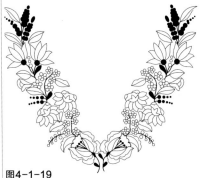

图4-1-19

图4-1-20

品的版型样式。如图4-1-19在领口的定位印花既能修饰服装的功能边界，又如项链一般给服饰增添了视觉上的层次感。

（二）满幅定位纹样

铺满织物的较大面积的定位印花我们可称之为满幅定位纹样。在家用纺织品设计中，根据一定的款式进行大面积的定位印花设计制作，往往用平网印花的工艺方式来呈现，如图4-1-20是富安娜品牌的家纺产品，该品牌以设计大面积的定位纹样见长。

第二节 连续纹样的编排方式

连续纹样是纺织品纹样设计中应用最广、最具特点，也是难度最大的纹样编排类型。连续纹样的结构编排方式大致可以分为：网格连续编排方式、有机连续编排方式、自由连续编排方式等。

一、网格连续编排方式

纺织品纹样的网格连续组织是指纹样可以以一个或数个几何网格结构分割单位纹样并重复连续。这种连续组织的纹样连续紧密而突出，结构规律性强。大致可以分为点阵式、砖式与井字式。

（一）点阵式

纹样元素均匀地按简单的方形网格秩序重复排列（图4-2-1）。基础标准点阵式网格有正三边形、正方形、正六边形等，这样的点阵网格系统亦常见于伊斯兰图案样式。运用点阵式排列图案元素，画面理性冷静，秩序感极强。

（二）砖式

基于点阵式的排列方式，进行单轴方向的1/2位移，形成砖形罗列的重复秩序（图4-2-2）。

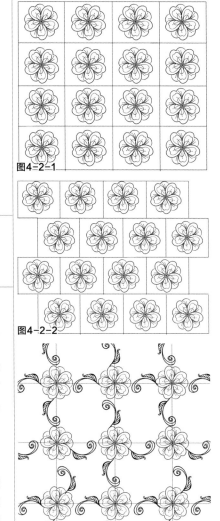

图4-2-1

图4-2-2

图4-2-3

（三）井字式

在单位纹样中，长宽各三等分，形成井字式，四个交点都适合放置主花型，其他交点放置次要元素与之呼应，适合簇花图案布置（图4-2-3）。

二、有机连续编排方式

（一）套嵌式

形与形之间自然套嵌形成紧密的网格骨式，利用几何图形分割出正负形分别作图底装饰，形成严丝合缝的套嵌结构（图4-2-4）。埃舍尔的正负形绘画即为很好的样本模式（图4-2-5）。

图4-1-19 领口的定位纹样
图4-1-20 定位面性纹样——富安娜《万物生》床品图案
图4-2-1 点阵式网格，作者：薛宁
图4-2-2 砖式网格，作者：薛宁
图4-2-3 井字式网格，作者：薛宁

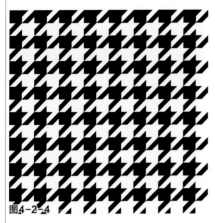

图4-2-4

图4-2-5

（二）连缀式

以曲线骨骼为基础，穿枝连续排列，使散点串连紧密，产生动静结合、曲折回绕、连绵不绝的视觉感受（图4-2-6）。

三、自由连续编排方式

与结构紧密的几何连续组织方式相比，散点连续组织相对自由灵活，结构较为松散，甚至不能轻易判断出循环位置，而这样的组织结构易于让图案元素灵活穿插，呼应有序，层次

丰富，生动活泼。

（一）散点式

纺织品纹样的散点连续组织是指纹样元素在一个单位纹范围内和谐、合理地安置数个主要图案元素并形成连续。

1. 均匀分布

纹样元素均匀分布而定位自由无序，常用于中、小、碎花型，画面均匀平和（图4-2-7）。

2. 碎花大趋势

以小花、碎花元素密集而成的集团，远看形成有韵律的大趋势画面，画面动感极强，远看有气势近看有细节（图4-2-8）。

3. 定位破格

在网格排列方式的基础上，位移、增减、放大缩小图案元素等手段，使原来的排列规则被打破，呈现自由的变化，使视觉效果更生动活泼有趣味（图4-2-9）。

（二）中心式

把主元素安置在设计稿的中心地位，其余元素以较小体量围绕四周散布，形成众星捧月的态势，中心式组织在视觉上主体突出、主次有序（图4-2-10）。

第三节 纺织品纹样的布局要点

纹样布局指的是图案元素在单位纹样平面空间内所占的面积与密度，

以及"花"与"底"的比例。

一、单位纹样的尺度

纹样的基本单位尺寸与构图布局有着密切关系，加工工艺、生产设备、面料门幅、成品品类与款式等，都是影响纹样尺度的相关因素。

连续纹样的单位大小一方面根据生产设备的尺寸决定，如印花滚筒、圆网、数码印花机、提花机宽度，绣花设备有效界面等，一方面按照生产面料幅宽决定，在最大限定尺寸范围之内合理且充分地制定单位纹的长或宽的一边尺寸，另一边尺寸则无太多限制，通常单位纹取竖构图排列，横构图略少。

单独纹样、定位纹样、适合纹样的单位大小一般参考成品功能属性，如毛巾、地垫、方巾、靠枕、丝巾服饰等，纹样在产品限定尺寸内合理构图布局（图4-3-1）。

二、布局安排的类型

在限定尺寸的单位纹样中安排图案元素的空间关系，按"花""底"比例可以把纹样布局分为以下三种类型：

1. 清底

花小底大，图案元素在单位纹

图4-2-4 套嵌式
图4-2-5 埃舍尔套嵌式画作
图4-2-6 连缀示意，作者: 薛宁
图4-2-7 均匀分布，作者: 薛宁
图4-2-8 碎花大趋势，作者: 薛宁
图4-2-9 定位破格，作者: 薛宁
图4-2-10 中心式，作者: 薛宁

081

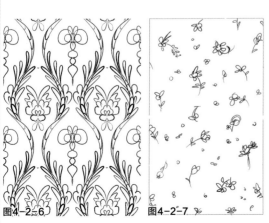

图4-2-6

图4-2-7

图4-2-8

图4-2-9

图4-2-10

图4-3-1

图4-3-2

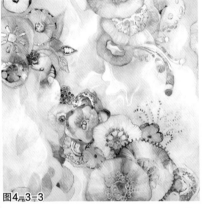

图4-3-3

图4-3-4

图4-3-1　各类纺织品运用的纹样布局具有差异性
图4-3-2　清底布局纹样练习，作者：薛宁
图4-3-3　混底布局纹样练习。《幻园》，作者：沈亮，指导教师：龚建培
图4-3-4　满底布局纹样练习。《繁华一梦》，作者：陈心如，指导教师：薛宁

样面积中占比较小，约占二分之一以下，留有较多的空底，可以清晰地辨识底色面积，这一类纹样花底关系明确，但对单个图案元素造型要求较高，讲求造型完整、精练、自然得体（图4-3-2）。

2. 混底

"花""底"约各占单位纹样面积的一半，视觉效果舒畅，均匀，图底关系较为明确，元素排列丰富而通透（图4-3-3）。

3. 满底

"花"在纹样单位中占据绝大部分面积，"底"色很少，甚至没有可分辨的底色部分，形成浓郁华美或层次丰富的视觉感受，通常以不同类型的图案元素混搭、变化而成（图4-3-4）。

第四节 纺织品纹样设计的表现技法

一、纺织品纹样设计的一般表现技法

不管什么样的创意，都要通过具体的形象得以表现，要表现就要运用相关的技法。关于纺织品纹样设计的技法，本章主要分为手绘技法和数码表现技法两大类。由于数码表现各类的教材较多，每人运用的软件不一，在此主要介绍 PS 和 AI 两种。本章着重对手绘技法的一般技法和特殊技法加以介绍。

所谓的手绘技法，就是运用常见的毛笔、水粉笔、水彩笔、铅笔等工具徒手表现形象的方法。随着时代的进步、科技的发展，现代设计领域中新工具和材料不断涌现，不同手绘技法也被不断开发出来。如何根据纹样的题材、风格和市场需求，运用传统的、现代的各种手绘技法准确、适当地表达创意、塑造形象、传达品位，是每个设计师必备的基本能力。

点、线、面是纺织品纹样设计中重要的手段和元素，它们既可以单独使用，也可以混合使用。点、线、面的概念在实际运用中，并非绝对的而是相对的。

（一）点绘技法

点是视觉艺术中最小的单位。几何学上，点指没有长、宽、厚，而只有位置的形态；两条线相交处或线段的两端我们称之为点。点见之于图形之中，有不同的大小和面积。点在图像表现中具有集中、引人注目的功能。点的连续会产生线的感觉，点的集合会产生面的感觉，点的大小不同会产生空间感、深度感和远近感。

在纹样设计中，运用细小点的聚散、疏密、群化，不仅可以表现对象的明暗层次、虚实结构和光影空间，同时也可以表现纹样中视觉集结的方向感、势态感。

点的表达与处理方法

1. 单点：以圆点为主，也有其他的几何点和变化点。可以单独运用，也可以以点组成线或面。可以有相同大小点的组合，也可以做渐大、渐小的节奏变化。单点可以运用钢笔、毛笔、绘图笔等工具来表现，特点是工整、细腻、规律性较强。单点还可以分为不规则的单点和规律性的单点，在现代纹样设计中，规律性单点的变化纹样深受消费者的欢迎（图4-4-1）。

2. 泥点：通过由疏到密或由密至疏的变化，来表达明暗或色彩过渡的均匀细点。主要用于表现物象的结构、体积感，也可以用作衬托，丰富画面的层次。泥点在作为叠晕的手段外，也可变化出类似珊瑚点、网状点、雪花点等样式（图4-4-2）。

3. 槟榔点：由不规则和不相叠的小几何块组成，比泥点稍大，可表现平面效果，也可以作为由疏到密的过渡处理。特点是生动、自然而富有趣味（图4-4-3）。

4. 组合点：以上多种点的组合运用（图4-4-4）。

（二）线绘技法

线在几何学上是点的移动轨迹，又是面运动的起点。线具有位置和长度，在形态学中，线还具有宽度、形状、色彩、肌理等造型元素。从线型上讲，线有整齐端正的几何线，还有徒手画的自由线。线具有速度、变化、运动和方向。

线绘是纹样设计的主要表现方法之一，线的形态和种类很多，有直曲、粗细、虚实、规则与不规则之分。利用线的轻重、刚柔、顿挫等变化，既可描绘纹样的轮廓和结构，又能表现对象一定的明暗关系、空间层次，甚至包括质感和气势。线的表达与处理方法如下：

1. 双沟线

如国画的白描，线条清秀挺拔，主要用于形态的表现（图4-4-5）。

2. 包边线

一般用于纹样边缘的勾勒，线型变化丰富（图4-4-6）。

3. 写意线

豪放流畅，富有韵律感（图4-4-7）。

4. 装饰线

通过不同的排列、变化起到丰富疏密、填充等作用（图4-4-8）。

（三）块面技法

块面技法其实就是平涂，是纺织品纹样设计中使用较多的基本技法之一。用均匀、平整的色彩块面来表现对象的形态或铺设底色，看似很简单，但真正做好并非易事，需要较好掌握用笔的轻重缓急、颜料的性能等。块面技法除了使用常见水粉、水彩的各种颜色外，还会使用到金、银、黑、白、灰等颜色。块面技法可用于形象外形的影绘，也可以用于影绘基础上留出结构界路的技法。一般纹样在平涂后还会添加点、线等其他装饰元素（图4-4-9）。

（四）撇丝技法

撇丝技法是纺织品纹样设计中特有的技法之一，即通过并置的细密线条来表现物象的体积感、层次感的一种绘制方法。根据撇丝线的粗细，又可分成粗撇丝和细撇丝两种。撇丝的绘制，需先将毛笔笔头搓压（按压）成扁平状，然后根据对象的形态、结构恰当起笔"扫绘"，扫绘时可以同时转动笔尖，以获得撇丝形态和起笔、

落笔的变化效果。一般撇丝要求线条排列整齐、自然、流畅，下笔粗，收笔细，用笔干净利落。可根据表现对象选择紫圭、白圭、大小白云等羊毛笔，

图4-4-1

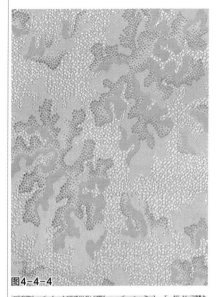
图4-4-4

图4-4-2

图4-4-5

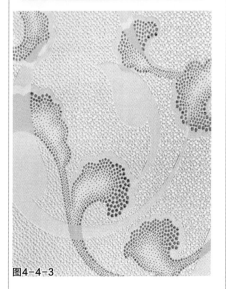
图4-4-3

图4-4-6

083

图4-4-1　各种单点的变化运用
图4-4-2　提花织物中泥点作为底色的运用
图4-4-3　提花织物中槟榔点的运用
图4-4-4　提花织物中组合点的运用
图4-4-5　印花织物中清秀挺拔的双沟线
图4-4-6　提花织物中的包边线

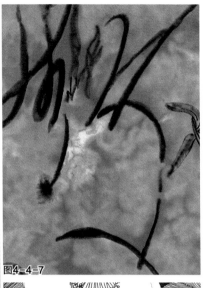

图4-4-7

图4-4-8

图4-4-9

图4-4-10

图4-4-7　丝绸印花设计中写意线的运用
图4-4-8　印花织物中装饰线的运用
图4-4-9　提花织物中块面技法的运用
图4-4-10　撒丝技法在丝绸印花中的运用

粗撒丝也可采用扁平的油画笔、化妆笔、水粉笔等，以追求随机、豪放、粗犷的视觉效果（图4-4-10）。

（五）退晕技法

退晕技法主要用于处理纹样的明暗、层次及背景空间由深至浅的过渡变化，如同中国工笔画的渲染技法。退晕技法的色彩过渡自然而不留生硬的笔触及痕迹，效果细腻、饱满、滋润（图4-4-11）。

（六）推移技法

也称叠晕、渐变，有色相、明度、纯度、互补、冷暖等变化形式，色相推移将色彩按色相环顺序排列，明度推移将色彩按深浅顺序排列，纯度推移将色彩按鲜灰顺序排列，互补推移将一对补色之间作渐变顺序排列，中间为灰色，冷暖推移将一对冷暖色之间作渐变顺序排列，一般用同种色相作明度递增变化或递减变化，形式较多，每一色阶都用平涂方法表现，富有明暗层次感，特别适合装饰花卉等题材，立体感、程式化装饰性强（图4-4-12）。

（七）喷绘技法

借助喷笔、喷枪、气泵等工具代替画笔，充分表达物象立体感和均匀过渡的一种技法。在数码技术和工具普及的现代，喷绘技法的用武之处虽已大大减弱，但在纯手绘的作品中，还是可以起到多种辅助表现作用。喷绘技法中还有某些特殊表现技法，如将纸张等揉皱成你所需要的肌理，使用喷枪在45度斜角以下进行喷绘，可以获得类似重峦叠嶂、微波细澜等图像（图4-4-13）。

（八）干笔技法

又称燥笔技法，类似中国画的枯笔技法，表现时用较浓厚的颜料在纸张上快速拖笔，"扫"出干枯状的"飞白"笔触，以表现物象的明暗、浓淡，以及立体和虚实变化，产生一种轻松、灵动的视觉感受（图4-4-14）。

（九）勾填技法

也称为勾线填色。用绘图笔或毛笔等，直接勾勒出纹样的形态，线条可以自由流畅，也可以刻画得细致入微。最后用活性染料水溶液、透明水彩色等在线条轮廓内填色，其特点是无论多么细小的局部还是大块的色面，均可以填绘得细致、透明、均匀（图4-4-15）。

二、纺织品纹样设计的特殊表现技法

在现代纺织品纹样的手绘设计中，如何运用特殊技法来增加纹样的丰富性、独特性是很多设计师十分关注的问题。我们从国外设计的画稿中常常看到令人眼花缭乱的特殊技法运用，有些特殊技法，不但很好地体现了他们对时尚的追求和认识，突显了对某种制作工艺限制的深入理解与表达，也成为某些设计师或设计工作室画稿的特征性标志。

（一）拓印技法

拓印技法可以为纺织品纹样设计制造出很多设计过程中所需的独特肌理效果和层次感。拓印技法有对拓技法、直拓技法、皱拓技法、叠拓技法等。

1. 对拓技法

顾名思义即母版与子版的相互拓印。在相关材料上绘制图像成为母版，用你所需要的纸张覆盖其上，拓印后即可得到一张镜像的图像。对拓法偶然性相当大，所产生的肌理千变万化，生动自然，趣味无穷。可模拟山峰、岩石、流水、森林、天空、闪电、沙滩等形象。对拓技法的肌理效果与所用材料密切相关。如相同的图像在白板纸、铜版纸、模型纸、玻璃卡纸、

宣纸、塑料纸、胶片等上对拓的效果相差甚远。所用的颜料种类及颜料的湿、干、厚、薄可视需要而定。揭开子母版速度的快慢、力度、角度会对肌理效果产生不同的影响（图4-4-16）。

2. 直拓技法

用瓦楞纸、线手套、织物、树叶等一类肌理感较强的现成材料作为母版，然后裁剪拼贴成你所需要的图形，涂刷上单一或多种颜色。再选一张与所用颜料相适应的纸张覆盖在母版上，用棕刷或滚筒在纸张上均匀加压，揭开画纸便可获得与原版相同的肌理效果。在现代纹样设计中，很多蕾丝纹样的拓印就是使用的这一技法。直拓的另一种方法可以是，在画面上涂刷上一定厚度的颜料，趁颜料未干时，选择一些吸水力较弱的材料，如气泡包装塑料膜、褶皱的铝箔、不粘油纸等，还可尝试用金属丝、线绳，放置在未干的颜料涂层上，用重物覆压，在颜料快干时取掉覆压材料，即可留下清

晰的拓印图形（图4-4-17、图4-4-18）。

3. 皱拓技法

将相关媒介材料揉皱后进行拓印的技法。常用的方法有两种：一种可以将纸张、金属箔、塑料纸等揉皱成你需要的皱褶，铺平后可以作纵向、横向、不规则的排列，固定后涂刷所需颜色，再将需要拓印纸张覆盖其上，用滚筒或其他工具施压，即可获得揉皱原版上的肌理效果。另一种方法是将保鲜膜、宣纸、织物等包裹在圆筒状的物体或滚筒上，然后由两边向中间推压，使包裹的材料形成皱褶。准备好相应的纸张，在滚筒上涂刷颜料，再用滚筒在纸张上滚印出皱褶的图像。滚印时，也可以在纸张上先放置一些

图4-4-11 印花设计中细腻的退晕技法
图4-4-12 渐变的推移技法
图4-4-13 喷绘技法在大花被面设计中的运用
图4-4-14 干笔技法在丝绸印花设计中的体现
图4-4-15 黑线勾勒水彩填色
图4-4-16 类似版画纹样的对拓技法

图4-4-11
图4-4-12
图4-4-13
图4-4-14
图4-4-15
图4-4-16

图4-4-17

图4-4-18

图4-4-19

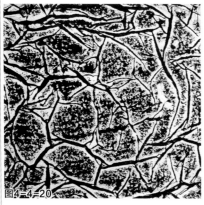

图4-4-20

图4-4-17　以叶为主的直拓效果

图4-4-18　以树叶为主的直拓效果，作者：沈若萱，指导教师：龚建培

图4-4-19　以纸张为材料的绉拓效果

图4-4-20　以帆布为材料的叠拓效果

图4-4-21　以色卡为材料的刮刻效果

图4-4-22　干湿混用技法的效果

图4-4-23　干湿法的交替运用效果

你需要的图形或几何形，滚印后在色彩的皱褶图像中获得一些留白的图形（图4-4-19）。

4. 叠拓技法

选吸水性能较强的柔性纸张或纹理性较强的织物，将其裁剪或手撕成你所需要的形状，按设计要求将它们交错叠合，构成厚薄不等的层次，用胶水固定后，涂刷相关颜色使之成为原版，拓印后可以获得既有层次感又有肌理感的图像。在裁剪或手撕时，可充分运用材料边缘的"光"与"毛"，以便在拓印中获得多种"软"与"硬"的效果（图4-4-20）。

（二）刮刻技法

任何材料表面通过刮或刻都能留下痕迹，而依靠这种刮刻痕迹形成肌理面貌的方式谓之刮刻法。"刮刻法"使用的材料大多是较厚实的纸张，因为它们构造松软，容易入刀，适宜刮刻。由于材料的表面形态不同，刮刻的方式也可多种多样，可以是破坏性的，即破坏所用材料表面上的原有的肌理形态，再建构新的肌理形态；可以是属于改造性的，即改造所用材料表面上的色彩形态，再组建新的肌理形态，建构材质的新肌理形态是刮刻法的基础追求。很多新的肌理还可以在纸、织物表面或两层之间用蜡、胶等材料进行处理来获得。

"刮"和"刻"是两个概念，既可以是单独的"刮"或"刻"，亦可以是"刮"和"刻"的交替使用。"刮"和"刻"的工具可选用木刻刀、美工刀、医用手术刀、钢板笔、竹笔、塑料片等，可视需要和效果选用。

刮刻技法在水彩纸、白板纸、模型卡等材质上皆可采用，既可以制作丰富变化的底纹，也可以在主要形象上使用。作为底纹装饰，可以在刷绘好的底色上刮刻出你需要的肌理。作为主要形象使用时，如花卉上可以刮刻出细腻的结构线，也可以很自由地刮刻出类似撇丝效果的笔触。在刮刻时既要注意形象的丰满、饱和、整体，又要有刚劲见骨的点睛笔触。水粉及油画颜料的刮刻法在纺织品纹样设计中也运用较广（图4-4-21）。

（三）干湿技法

干湿法是水粉和水彩相结合的一种画法，既有多层次的半色调，水分饱满的整体效果，又有粗犷而美妙的笔触。其画法是先用水彩的方法将你所设计的基调画好，尽量做到水分充足，色彩渗化交融，甚至形成晕染效果。然后在这个基础上用水粉颜料和水分比较少的硬爽笔触，娴熟、流畅、潇洒地画出主要纹样。此种技法表现的纹样干湿交替、刚柔相济，层次丰富（图4-4-22、图4-3-23）。

（四）浆糊技法

浆糊呈乳白色半透明状态，其

图4-4-21

图4-4-22

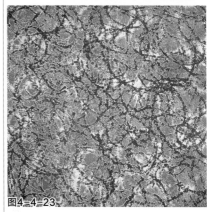

图4-4-23

特有的粘合力在调入活性颜料水溶液或水彩颜料后，会产生一种凝聚力和堆砌力。在白卡纸或水彩纸上作画时，调入的不同比例的浆糊会使纹样同时兼有水彩画、水粉画和油画的视觉特点，使画面色彩层次丰富但又透明、生动、细腻而不拘谨。具体描绘时可以用羊毫笔、化妆笔或狼毫水彩笔交替使用。深、浓处浆料比例大，亮、淡处浆料比例小，最亮部位可用刮刀或笔杆刮出，拉开色彩的反差。同样，一般的合成胶水也可以替代浆糊来使用（图4-4-24）。

（五）流淌技法

流淌技法，即将液态的颜色泼洒或点画到纸张上，任其自然流动，或在有意识的控制下产生不同方向的流动，从而构成一种潇洒自然的肌理效果。流淌技法中颜色流淌的快慢，一是纸张的因素，如果纸张光滑、倾斜角度较大，甚至90度垂直，颜色的流淌速度快；反之，流淌速度放慢。二是颜色自身的因素，如果纸面上的颜色积存较多，且粘稠度较低，它的流速就快；反之，它的流速就慢。此技法也分为两类：

1. 自流技法

将颜色泼洒到纸张上之后，任其随意流动，取其"自然"之美，斧凿加工痕迹较少。自流肌理制作可以一次完成，也可以两三次完成。如果两三次完成，一种方式是，洒一次颜色，趁其未干之际再洒一次颜色，两次流淌的颜色在湿润的状态下相互撞击，相互交叉，既错综复杂又融为一体，这种方式被称为"撞接"。另一种方式是，必须在第一次流淌的颜色彻底干燥之后才能洒第二次颜色，这种方式我们称它为"叠加"。叠加的肌理效果层次分明，条理清楚，尤其是每次泼洒的颜色其色相、明度和纯度都多有差别的时候更是如此（图4-4-25）。

2. 干预技法

这种方法就是通过人为有意识改变颜色流淌的方向。其一，纸张上设置障碍：如挤压画面纸造成褶皱，或在纸张上粘贴砂粒之类的物体（颜色干燥后去除），目的是使流淌的颜色遇褶皱或砂粒之类的障碍物之后改变流向或分流。其二，在颜色流淌的过程中，不断改变纸张的倾斜方向和角度，使颜色线条随着画面纸的倾斜而转变流向。其三，纸张始终处于平置状态，从不同角度面对纸上的颜色施以气体的动力，使颜色流淌转向或成喷洒状。其四，在流动的水性色彩上，喷洒某些油性介质，产生油水分离的效果（图4-4-26）。

（六）遮盖技法

通过防染的方法，在画面遮盖处获得部分留白，从而造就一种色彩与空白相间的肌理效果。在现代纺织品纹样设计中遮盖技法使用较为普遍，用于遮挡技法的手段也较多。留白部分可作为画面肌理的元素之一，也可以在刻意留白处再做其他形式的处理。

1. 矾水遮盖技法

此技法较适用于生宣纸等渗水性较强的材质。其程序是：将食用明矾溶解成浓度较高的矾水，在需要防染处绘画或涂刷出所需的形象，矾水干燥后会形成具有一定防染效果的晶体状物质，此过程可以重复多次，以获得你所希望的效果。待矾石完全干透后，再绘制其他形象。用矾水防染的地方，一般吸收色彩的程度会大大减弱，特别是在纸的反面。此技法适用做朦胧形象的防染之用（图4-4-27）。

2. 油彩遮盖技法

这里所说的"油彩"包括普通石蜡、蜡笔、油画棒之类的油性物质。由于油性物质具有的拒水特征，凡画面施加过油彩的部分便不会吸纳水质颜色，因此画纸上会出现留白或留色。此技法几乎适合所有的纸张和细腻的织物。这种留白法简便易行，只要按设计意图在纸张上施绘油彩，然后再用水质颜色进行相关处理，即可得到所需肌理。油彩遮挡法的效果很大程度上取决于所施油彩的用笔和处理方式，和其所造成的色彩斑驳、飞白笔触的艺术情趣和精彩随意的肌理。此技法不但可以运用于纺织品纹样设计，甚至为创作具有一定主题性的独立作品提供了可能。（图4-4-28、图4-4-29）。

图4-4-24

图4-4-25

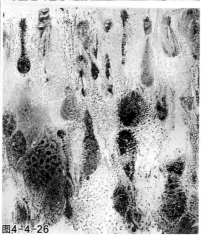

图4-4-26

图4-4-24 调入浆糊等介质增加色彩的厚重感
图4-4-25 水彩的自流技法
图4-4-26 油性材料的干预效果

3. 蜡液遮盖技法

蜡液遮挡技法与蜡染技法相似，与油彩遮挡技法相异的是此技法使用的是热溶后的蜡液。操作程序：将固体蜡用电磁炉等加热成液态状的蜡液，使用蜡刀、蜡壶、毛笔或其他工具蘸上蜡液在纸张、织物上进行相应描绘，

图4-4-27

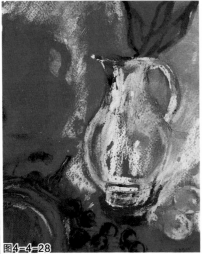

图4-4-28

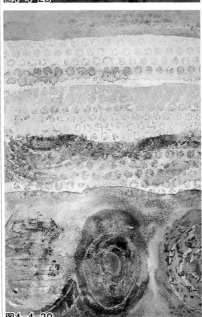

图4-4-29

蜡液干透后在其上用透明性较好的颜料进行后续的设色或描绘，有蜡液的

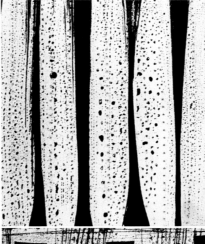

图4-4-30

图4-4-31

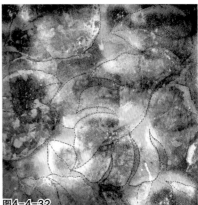

图4-4-32

图4-4-27 矾水遮盖技法
图4-4-28 油画棒遮挡效果
图4-4-29 蜡笔遮挡效果
图4-4-30 蜡液的遮挡效果
图4-4-31 水彩隔离胶勾线的遮挡效果
图4-4-32 冲洗技法的运用效果，作者：陈媛诗，指导教师：龚建培

部分即呈现为留白的线条或色块。此步骤亦可以由浅至深地反复使用，以获得多层次的效果。此技法的特点是，可以用绘蜡工具绘制细密的线条和形象（图4-4-30）。

4.胶质遮盖技法

运用各种类型的胶质材料来作为纹样表现中的遮盖物。可用的胶质材料有水彩隔离胶、PVA胶、合成胶等。运用这些胶质材料我们可以在画面上做单层遮挡，也可以与颜料交替使用做多层遮挡。其中一些遮挡我们可以去掉，一些可以适当保留，利用它们的透明或半透明性来丰富纹样的表现效果（图4-4-31）。

（七）冲洗技法

此技法利用水油不相容的特性。制作时根据设计需要，以平涂的方法将水粉颜料画在比较厚实的纸张上，用笔应随意、自然，形象之间的交界处可以留出相应的空白或不规则线条，待其干透后，用海绵或拓包将油画颜料全部或部分均匀地覆盖在已干的水粉颜料之上，油画颜料稍干后，将纸张置于水龙头下用急水冲洗。由于冲洗力度和时间长短的不同，水粉色彩上残留的油画颜料会形成不同的不规则色点、色块，而纸张上未有水粉颜料处则基本保留了油画颜料的色彩。水粉颜料与油画颜料的综合使用，可以使画面产生斑驳、古朴的肌理效果（图4-4-32）。

（八）打磨技法

一般选择粗纹水彩纸，用水彩或水粉（最好是水彩）颜料在上面将纹样大致绘制完成，然后用细砂皮纸在画面的全部或局部上轻轻打磨，将表面的浮色打磨后，留下的是粗纹纸上凹点沉凝色，给人的感觉既有水彩画轻快透明之风格，又有油画厚重沉着的特点。此技法绘制时，色彩不宜太薄、

太淡，线条也不宜过细。打磨后也可以用清水进行冲洗，待干后再做局部的添加和修饰（图4-4-33）

（九）撒盐技法

此技法适用于水彩或活性染料。首先在打湿的纸张上铺设相应的色彩，然后在需要之处撒上粗盐颗粒，盐粒会吸附周围的色彩，在画面上会出现周围深中间白色的斑点，以及类似雪花结晶状的肌理效果，待干燥后用刷子去尽所有盐粒。撒盐的时间控制很重要，撒得太早盐粒溶解在颜料之中则效果不佳，撒得太迟盐粒难溶也起不了吸附作用。除了粗盐颗粒外，尿素等电解质材料同样可以起到这样的效果（图4-4-34）。

（十）熏烫技法

用烟熏、烫烧等方法，在画面需要之处熏上缭绕的烟纹；还可借助电烙铁、打火机等在画纸上烫烧出焦黄的点、线、块面及浓淡不一的层次等。也有直接用火将某些图片、报纸、手账等的边缘烧出所需的形态，然后将它们粘贴组合起来构成纹样，能给人以一种残缺、沧桑、怀旧的视觉感受（图4-4-35）。

（十一）拼贴技法

拼贴技法是构成纹样丰富肌理效果主要方法之一，拼和贴都是指操作的手段。一般情况下，根据设计需要先拼后贴，而且拼是关键。作为拼的材料其自身往往是具有某种肌理的现成物品。如以文字、图片为主的报纸、画报等印刷品或复制品，以及各种具有印花、提花效果的织物和线、绳等。在可拼贴的材料中还必须根据纹样设计需要进行取舍、加工，才能进行组织编排，所谓的"组织编排"就是拼贴前的位置、构图，各种肌理的重构、组织。"贴"属于"后期制作"，但粘贴的方法和粘合剂的选用却决定了

最终的效果。有的需要平贴，有的则需要皱贴。皱贴时还可根据需要做出不同的纹理走向、皱折效果。粘合有透明、不透明、软质和硬质之分，须根据拼贴的材料进行适当的选择。透明、不透明、半透明、材料的重叠也是产生多种效果的手段之一。

在拼贴法中，层压法的运用也将使我们的设计变得更为丰富多彩。运用透明材料与各种肌理拓片、羽毛、彩线、纸条等巧妙分层拼贴，可以获得生动有趣的画面效果（图4-4-36至图4-4-38）。

（十二）正反技法

选择透明或半透明的材料，在正面和反面同时进行主体和背景的描绘，正面为主，背面烘托，使画面产生朦胧之美（图4-4-39、图4-4-40）。

图4-4-33 底部绘制后先进行打磨再勾绘纹样的效果
图4-4-34 撒盐技法的效果
图4-4-35 熏烫效果的表现，作者：李瑾、林逸文，指导教师：龚建培
图4-4-36 相似材料的拼贴，作者：杨欣宇，指导教师：龚建培
图4-4-37 半透明与非透明材料的拼贴，作者：徐海旋，指导教师：龚建培

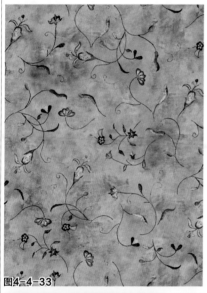

图4-4-33

图4-4-34

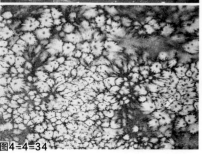

图4-4-35

图4-4-36

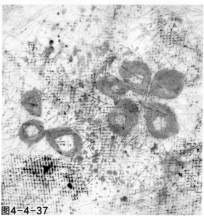

图4-4-37

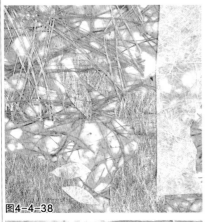

图4-4-38

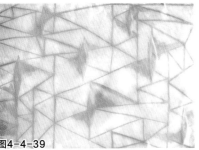

图4-4-39

图4-4-40

三、综合材料技法

综合材料技法一般被看作是 20 世纪特有的一种艺术形式。这里的综合材料技法是指同一画面上运用不同绘画材料和技法创作的方法。是一种将性质相似和不相似材料，运用各种技法综合在一起的表现尝试。综合不同材料已成为当代艺术实践的一个共同特点，当然在纺织品纹样的设计中也被广泛运用。综合材料技法的运用可以使我们的设计更具想象力和新的活力（图 4-4-41 至图 4-4-45）。

四、数码基础表现技法

20 世纪至今，数码技术的出现和发展大力地促进了设计学科的进步，带来了前所未有的开阔视野。数码技术在 20 世纪 60 年代被称为"计算机辅助技术"，被用于产品设计。最初的计算机技术只是把设计出的系统作为一种电子图像显示出来，为设计人员形成一种可视化的方案呈现，随后的信息技术经历了交互设计、参数化的发展历程，从实际工程应用发展到人工智能领域，现在，计算机技术不仅是"辅助"设计的工具，更是解决设计问题的方法。

数码技术的应用已经渗入到纺织品纹样设计的各个环节：1. 设计前，数码媒体技术可以利用大数据分析市场指导设计方向，便捷直观地呈

现数据模型；2. 设计中，可以提供易操作、多样式、全格式的图案呈现方法，让设计方案的表现更加多元化、便捷化；3. 设计后，自 20 世纪 90 年代以来，随着印花生产技术的迭代和设备的更新，尤其是 1995 年按需喷墨式数码喷射印花机的出现，让自动化生产、数码印花等技术飞速普及，数码技术介入纺织品纹样设计具有良好的技术适应性，便于设计与生产的高效转化，从而实现与市场的产学无缝对接。

聚焦纺织品纹样设计板块，早在 21 世纪初，高校开始注重"数字媒体"应用的设计方法，各种专业比赛、展览甚至开设数码应用设计单项奖，说明纺织品纹样设计领域对数码技术的重视。掌握基础的图形设计软件，成为纺织品设计专业学生的必备技能之一。

纺织品纹样设计常用的计算机基础软件有 Photoshop、Illustrator 等（图 4-4-46），熟练掌握及灵活运用计算机软件，为纺织品纹样设计带来极大的便利，也为后期使用印花、提花和刺绣 CAD 等工艺制图软件提供了技术支撑。相对于传统的手绘的纺织品

图4-4-38　不同材料的拼贴，作者：徐海旋，指导教师：龚建培
图4-4-39　半透明材料的正反技法效果
图4-4-40　不同材料的正反技法效果
图4-4-41　蜡防与拼贴的综合技法，作者：徐海旋，指导教师：龚建培
图4-4-42　多种技法的综合运用，作者：李瑾，指导教师：龚建培

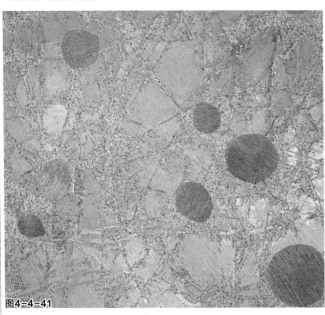

图4-4-41

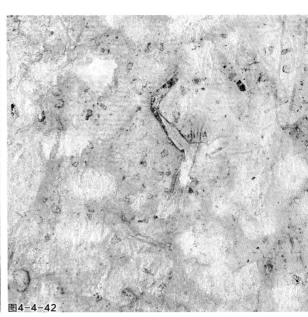

图4-4-42

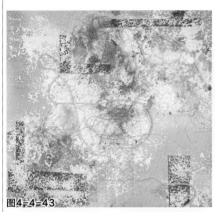

图4-4-43

图4-4-44

图4-4-45

图4-4-46

图4-4-47

纹样设计方法来说，运用数码技术辅助纹样设计不仅提高了从设计到产品之间的转换效率，也极大地扩展了纹样设计的表现方式。

（一）Adobe Photoshop 软件在纺织品纹样设计中的应用

Photoshop（简称为 PS）是美国 Adobe 公司旗下最著名的图像处理软件之一，是与平面图像相关的各设计学科的基础软件之一。其重点功能是对已有的位图图像文件进行进一步的编辑加工处理，它强大的滤镜库插件可以快速地在图像上形成特殊的和手绘难以达到的视觉效果。

在纺织品纹样设计中，我们常用 Photoshop 完成素材编辑、图像合成、特殊效果、调色配色等环节的工作。

1. 素材编辑

Photoshop 用套索、蒙版等工具可以辅助设计者在已有的照片等图像中便捷提取创作需要的图像元素（图4-4-47）。基础工具栏和编辑菜单下，有多种处理图像元素的选项，可以轻易地实现元素的变形、重复、对称、裁切等编辑操作，可以迅速地完成针对同一图像元素的变化试验，完成设计预想（图4-4-48）。

图4-4-43　多种材料拼贴和直拓综合技法，作者：张翼如，指导教师：龚建培
图4-4-44　多种绘画材料的综合技法
图4-4-45　以拓印和编织为主的综合技法，作者：杨欣宇，指导教师：龚建培
图4-4-46　PS与AI软件图标
图4-4-47　提取图像元素
图4-4-48　元素处理：变形、复制、镜像

091

图4-4-48

纹样设计

现代纺织品市场设计丛书

纺织品

TEXTILE PATTERN
DESIGN

092

2. 图像合成

Photoshop 的图层系统是提高设计效率的一个重要环节，运用图层分层制作组合纹样，可以便于细节调整和位置变化处理。

纹样单位制作，不但可以利用图层的不同叠放顺序获得不同的纹样元素组合效果，快速呈现多种纹样形式，便于选择最佳呈现样式（图4-4-49），还可以通过剪切重组纹样元素获得新的画面，高效获得拼贴效果（图4-4-50）。

接版效果制作，可以便捷地制作对称、二方连续、四方连续等纹样接版效果（图4-4-51）。

配套效果方面，利用图像合成可以轻易地实现纺织品图案应用效果图的制作（图4-4-52），通过软件虚拟让观众直观"看到"纺织品纹样成品的使用效果，也便于设计者试验更丰富的配套效果而不用过于担心制作成本等后续问题。

3. 特殊效果

Photoshop 软件拥有强大的滤镜库效果插件，通过这一功能可以实现图像设计风格的转化试验（图4-4-53），可以模拟不同的材质质感，调整各种笔刷参数，可以模拟不同的笔触效果（图4-4-54），极大地拓展了图像处理的可能性，也拓宽了手绘效果的边界。

4. 调色配色

Photoshop 软件的色彩调整功能也是较为常用的，在图像元素处理中，可以通过色彩调整使纹样各部分的颜色和谐统一，符合主题要求。也可以在纹样整体色调调整中变化和归纳套色，快速制定多种配色方案，便于完成纺织品纹样设计的套色系列方案生成（图4-4-55）。

由于 Photoshop 是图像处理软件，所以在使用时我们要注意文件的尺寸

图4-4-49　改变图层顺序获得不同的纹样效果
图4-4-50　拼贴效果
图4-4-51　PS便于纹样接版操作

图4-4-49

图4-4-50

图4-4-51

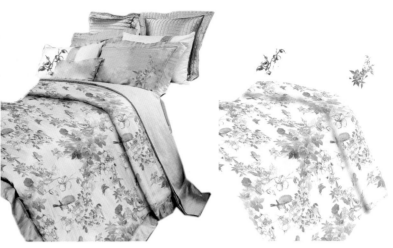

图4-4-52

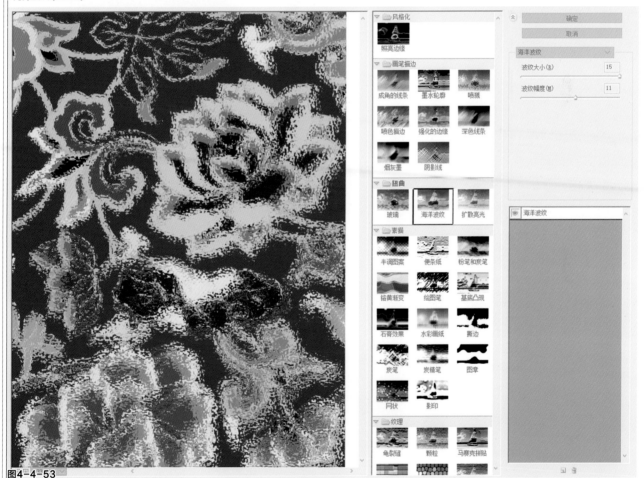

海洋波纹 (33.3%)

图4-4-53

及分辨率的预设，当文件尺寸或分辨率较小时，图像清晰度会受到影响（图4-4-56），当最终纹样使用尺寸大于制作文件尺寸时，会对最终效果产生不良影响，而若尺寸及分辨率预设数值过大，则会在制作过程中严重占用计算机的 CPU 内存，使软件出现卡顿，影响制作效率，并且纹样文件制作完成后，保存文件会占用较大的硬盘储存空间，影响计算机的使用效率。

图4-4-52　PS便于制作实物效果图
图4-4-53　滤镜库

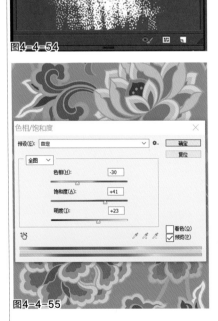

图4-4-54

图4-4-55

图4-4-56

图4-4-57

图4-4-54　画笔库扩展功能便于模拟各种笔触肌理
图4-4-55　调整菜单便于快速生成多种配色方案
图4-4-56　分辨率过小影响图案清晰度
图4-4-57　平滑边缘与渐变色彩形成"金属感"

（二）Adobe Illustrator 软件在
纺织品纹样设计中的应用

　　Illustrator 制图软件简称为 AI，这

款软件是最常用的平面矢量制图软件
之一，具有强大的功能体系，服务于
平面类设计的标准插画软件，它的优

势如下：

1.矢量输出，数码风格明显

AI软件与PS软件比较，最大的区别在于其擅于制作规则的或是边缘平滑的图像元素，AI软件强大的钢笔类工具擅长制作边缘平整、几何属性较强的图像元素，结合平滑的色彩填充功能，容易形成层次分明、边界明显的"金属感"强的数码图像风格，适合表现时尚感与未来感（图4-4-57）。

2.对称复制，提高作图效率

在制作具有对称结构或元素重复

图4-4-58

图4-4-59

图4-4-58 自动参考线功能使纹样元素定位准确
图4-4-59 计算机辅助快速生成对称结构纹样

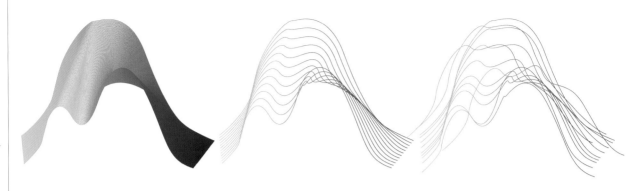

图4-4-60 混合工具可以生成平滑的曲面、平滑过渡的线条组、趋势统一的线条组等不同效果

而形成的图像时，AI软件的优势是明显的（图4-4-58），利用软件自带的对称分割参考线，可以便捷地对图形进行等分等角度的分割，制作完成一个元素单位后通过镜像、复制、旋转等步骤，可以快捷地完成"曼陀罗"式、"八达晕"式、"中心旋转式"等具有对称重复结构的纹样样式（图4-4-59），从而大大提高作图效率。

3. 渲染平滑，过渡功能强大

AI软件中效果工具因其便捷的操作方法和呈现出的精妙变化深受图像设计师的欢迎。图4-4-60即运用了多个层次的混合工具，多层次地绘制出间距相等的多条曲线，既丰富了画面的层次，又让蜿蜒的曲线通过色彩的渐变形成有起伏的视幻效果。

4. 适用面广，节省空间

通过AI制作出的矢量图可以根据使用场景任意调整输出大小，即放大缩小并不会影响其图像质量，这使得软件运行时所占运行内存和存储空间都相对较小。这使得AI软件制图可以适合绝大多数行业应用场景，与激光切割、数码绣花、数码提花等工艺输出设备也具有一定的适配性。

（三）其他常用的计算机辅助设计软件

除了上述两款软件，CorelDRAW（简称CDR）、Corel Painter（简称PT）等应用率较高的平面绘图软件都可以为我们进行纺织品纹样的辅助设计提供强大的技术支持。

当然，随着参数化的设计概念的渗透与不断完善，设计领域重视运用参数"生成"的方式进行设计，获得更加理性、更非常规的设计呈现，如分形设计、三维设计、编程设计，这样的设计形式通过如Rhinoceros（简称Rhino）、Cinema 4D(简称C4D)、Adobe After Effects(简称AE)等设计软件，正越来越多地应用到纺织品纹样设计等各种相关设计领域。

五、思考与练习

1. 单独纹样的编排方法有哪几种？请用简图的方式予以表述。

2. 简述对称和均衡纹样的特点与骨式特征。

3. 以图形的方式，画出你熟知的二方连续骨式6种。

4. 简述纺织品纹样中清底、混底、满底的特征。

5. 列举纺织品纹样中最具特点的几种表现方法，并以图像方式予以表述。

6. 简述PS、AI这两种数码表现软件的特征与区别。

5

纺织品纹样的
制作工艺与设计特点

图5-1-1

图5-1-2

图5-1-3

图5-1-4

在前面章节中已一再强调了纺织品纹样设计与制作工艺的关系，本章中要介绍印染、提花、刺绣及地毯工艺的特点，以及工艺与纹样设计的关系，每种工艺对纹样设计的限制，只有很好地认识和利用好限制，才能充分体现出不同工艺的设计特点和艺术魅力。

第一节 印染纹样的制作工艺与设计特点

用染料或颜料在织物上印出具有一定染色牢度纹样的加工过程称为印花。印花织物的色彩数目称为"套色"。在传统手工印花、机械印花中必须严格按套色来进行纹样设计，而在新型的转移印花、数码印花中则不受套色限制。本节主要就筛网印花、辊筒印花、转移印花和数码印花的纹样和工艺特点进行论述和探讨。

一、筛网印花

筛网印花必须每一种颜色使用一只筛网，目的是分别印制不同的颜色。筛网印花有三种方法，每种方法其原理基本相同。第一种是手工筛网印花，第二种方法叫作自动筛网印花（也称为平网印花和自动平网印花），第三种方法叫作圆形筛网印花或圆网印花。

（一）手工筛网印花

手工筛网印花在长台板上进行商业化生产（台板长达60码）。印花的布平铺在预先涂有少量粘性物质的台板上。印花工人沿着整个台板连续手工移动网框，每只网框对应一种印花套色。这种方法的生产速度为每小时

50-90码（图5-1-1）。

手工筛网印花除印制匹料外，也大量用于印制裁剪好的衣片，同时也用于印制限量的时尚高端的头巾、家用纺织品等。手工筛网印花纹样设计的特点是，既可用于连续纹样，也可以用于单独纹样，设计方法受到的限制较少，灵活多变（图5-1-2）。

（二）自动筛网印花

自动筛网印花（或平网印花）除了工艺是自动化的外，其他原理与手工筛网一样。此两种印花工艺受花型大小、套色多少（套色可在8-20套左右）、印制织物的限制较少，能表现造型精致、色彩丰富及多种设计技法与肌理的纹样（图5-1-3、图5-1-4）。

（三）圆网印花

圆网印花与上述两种原理相同，但其印花使用的是具有镂空花纹的圆筒状镍皮筛网，其按一定顺序安装在循环运行的橡胶导带上方，并能与导带同步转动。印花时，色浆输入网内，贮留在网底，圆网随导带转动时，紧压在网底的刮刀与花网发生相对刮压，色浆透过网上花纹印制到织物表面。圆网规格周长有480mm、640mm、913mm、1826mm等。工作幅宽有1280mm、1620mm、1850mm、2400mm、2800mm、3200mm等。而圆网的长度是按下面公式来计算的。圆网长度 = 工作幅宽 +2x59mm（59mm为留边）。目前最常用的周长为640mm，工作幅宽为1620mm的圆网，圆网印花最多可以超过20套色（图5-1-5）。圆网印花能更好地表现规矩的几何、长直线、细巧的花卉等（图5-1-6）。

二、辊筒印花

辊筒印花是通过雕刻铜辊筒将

图5-1-5

图5-1-6

图5-1-1 手工筛网印花印制过程
图5-1-2 手工筛网印花印制的高档丝巾
图5-1-3 自动筛网印花机
图5-1-4 自动筛网印花纹样设计
图5-1-5 圆网印花机
图5-1-6 圆网印花纹样设计

纹样印制在织物上的工艺方法。铜辊筒上可以雕刻出紧密排列的精致纹样，因而印制的纹样十分精细、密致，适合佩兹利、几何纹样，以及细撇丝、泥点一类纹样。花筒雕刻应与图案设计图稿完全一致，每一种花色各自需要一只雕刻辊筒（图5-1-7）。

大多数印花机可配置最大周长为16英寸的花筒，也就是说印花花

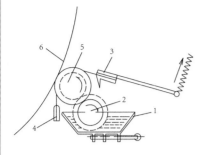

给浆装置
1.浆盘 2.给浆辊 3.刮浆刀
4.除纱刮刀 5.花筒 6.承压辊

图5-1-7

图5-1-8

纹循环的大小不能超过 16 英寸。花筒长度有 915mm、965mm、1067mm、1219mm、1500mm 等多种（图5-1-8）。

图5-1-7 辊筒印花的给色装置
图5-1-8 辊筒印制的玫瑰纹样 俄罗斯
图5-1-9 转移印花机
图5-1-10 转移印花纹样设计
图5-1-11 数码印花机
图5-1-12 数码印花设计稿

三、转移印花

转移印花是使用含有分散染料的印刷油墨将设计好的纹样印制在印花纸（也称作转印纸），印花时将印花纸和需印花的织物紧贴在一起，在大约 210℃（400T）的条件下，通过高温、高压，使转印纸上的染料升华并转移到织物上。转移印花采用非水相的干法印花，印花过程不需要后处理，工艺相对简单、环保，不产生废水（图5-1-9）。

转移印花工艺，既能产生绚丽多彩、层次丰富的色彩效果，又能获得轮廓清晰、造型优美的纹样，且可以不受印花套色的限制（图5-1-10）。

四、数码印花

数码印花是由数码打印机来完成纹样到织物的印制。数码印花可以印制任何类型的纹样和图像，不管是精细复杂的设计稿或者是照片，它不受色彩和设计效果的限制。数码印花需要设计师将设计稿存储为电子文档格式，最好是 tif 或 eps 格式。数码印花所呈现纹样的清晰度和准确度，给设计师带来了最大限度的创作自由。数码印花的另外一个优势即打样方便快捷，并可以通过即时修改图稿，控制整个设计过程（图5-1-11、图5-1-12）。

在现代印花中还有很多特殊的印花方式和工艺，如浅防印花、朦胧印花、烂花印花、泡泡印花、渗化印花、喷雾印花、荧光印花、消光印花、转移植绒印花、涂料薄膜转移印花、微胶囊印花、金银粉印花、香味印花、夜光印花、钻石印花、变色印花等，只有对它们的工艺、材料特点有所了解和掌握，才可能设计出符合工艺需要的创意纹样。

第二节 提花纹样的制作工艺与设计特点

提花纹样设计，也称作纹织设计。指将经纱线或纬纱线按照规律要求沉浮在织物表面或交织的错落变化，形成花纹或图案的设计、加工方法。按照织机的功能可分为小提花（小花纹）织物和大提花（大花纹）织物两种。提花纹样设计是除印染纹样设计之外的另一种主要的纺织品纹样设计形式。

提花纹样设计的特点，决定其比印花设计更依赖工艺设计的辅助，没有纹制设计的参与，无法很好体现纹样设计的创意与表现。

```
                          ┌── 黑白纹样的设计
                          ├── 二彩纹样的设计
              ┌── 品种设计 ┤
纹样设计 ──────┤           ├── 三彩纹样的设计
              └── 纹制设计  └── 多彩纹样的设计
```

熟谙提花纹样设计的步骤、方法、造型技巧，不仅可以较好地在纹样设计中再现材料美、肌理美，还可更好地突显织物的功能、结构、形态。

一、纹样计算

提花纹样的大小不能任意决定，它与织物规格、生产设备有密切关系。例如，纹样宽是根据品种规定的纹针数和经丝密度而定的，纹样的长度由纹板数决定。计算方法为：

纹样的宽度
＝纹针数×把吊数/经密
＝内经丝数/花数/经密

纹样的长度＝纹板数/纬密

例如：62035 交织织锦，内幅

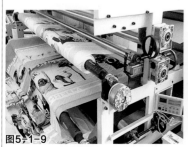

图5-1-9

图5-1-10

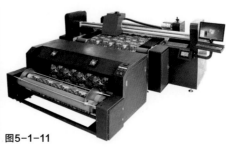

图5-1-11

图5-1-12

75cm，经密每厘米 128 根，纬密每厘米 102 根，内经丝数 9600 根，全幅共 4 花，纹板数为 2040 张，此时纹样花幅 =75/4=18.75cm，纹样长度 =2040/102=20cm。在纹样设计时，纹样长度的尺寸是根据品种要求及图案风格来定的，纹样长表示一个花纹循环的纹板数多，纹样短则纹板数少。因此，在可能的情况下，纹样宜短，以降低成本。

二、提花纹样设计与织物组织的关系

从形态上说，织物提花中经纬线以特定规律相互浮沉交织所形成的织纹效果构成了不同于印花工艺的纹样形式。如平纹组织的颗粒感，斜纹组织的斜纹线，缎纹组织的密集浮长线，以及由三原组织组合变化的点、线、面的构成等。这些不同的组织变化所形成的纹样以特定的设计语言呈现出来，才使提花面料具有了色彩斑斓、美不胜收的视觉效果。

因而，对织物组织种类、特征的认识和把握就成为提花纹样设计的基础。本节就平纹、斜纹、缎纹三个最基本的组织与纹样设计的关系，作简单的介绍。

（一）平纹组织

平纹组织是最简单的织物组织，由两根经纱和两根纬纱一上一下相互交织组成一个单位组织循环。在所有组织中平纹组织交织次数最多，经纬交织点排列最稠密，具有结构紧密、质地坚牢、手感硬挺之特点（图 5-2-1）。

在设计平纹组织的织物过程中，可充分利用交织点多、颗粒感强这一点，用少套色通过交织而呈现出多种色彩的变化，其色彩的空间混合效果也体现得最为充分。平纹组织的织物运用在纺织品面料上具有平整、挺括、颗粒感强等外观效果，但弹性、悬垂度略显不足。

平纹组织纹样的设计，大小与布局要适中，纹样不宜过大，布局不宜过满，否则会使织物松软。纹样也不宜太细碎、花纹之间的距离不宜太小，

至少要有三纬的间隔，不然，平纹组织的点易与花纹组织的点相连而造成花纹边缘模糊不清。此类品种如花塔夫、特号葛等。花组织起平纹，底组织起缎纹或其他组织，一般平纹花少量应用，仅分布在次要部分作陪衬。如花软缎其主花为纬花，配以少量平纹花以达到多层次的效果。因此对花纹的要求并不很高。底组织与花组织均起平纹的织物，如缤纷绢为纬三重织物、图案用三色画，平纹的组织点最多，因此花纹可以表达得最充分、最细腻、层次最多，纹样的绘制可采用渲染法、燥笔、撇丝、塌笔等多种表现法（图 5-2-2、图 5-2-3）。

（二）斜纹组织

斜纹组织至少需要 3 根经纬线方可构成一个组织循环（图 5-2-4）。它的特征是在织物表面呈现出由经（纬）浮点组成的斜纹线，斜纹的倾斜方向有左右之分。交织次数比平纹组织少，使得织物更紧密、厚实，并具有良好的光泽。

在设计斜纹组织的织物时，其形象特征不同于颗粒感强的平纹织物，斜纹组织变化方法很多，如斜纹线的疏密、粗细、曲直、方向等，再配以色经、色纬的巧妙搭配，即可得到变幻无穷、色彩缤纷的效果（图 5-2-5）。

斜纹底的单层提花织物，对纹样的要求不像平纹底的单层织物那样高，因为斜纹组织的经纬密度较大，丝线浮

图 5-2-1　平纹组织
图 5-2-2　平纹组织为底斜纹起花的纹样
图 5-2-3　平纹组织为底及部分泥点装饰的纹样
图 5-2-4　斜纹组织

长较长，在松紧程度上与花组织较接近、不易产生病疵，纹样绘制比较自由。

（三）缎纹组织

在织物中，一组纱线的各个单独浮点间的距离较远，织物表面被另一组纱线的较长浮线所覆盖，这便是缎

图5-2-2

图5-2-3

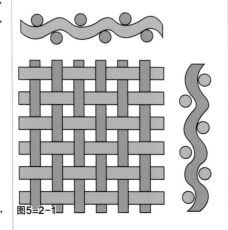

图5-2-1

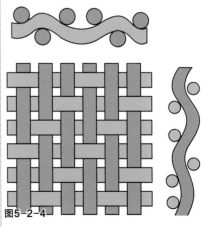

图5-2-4

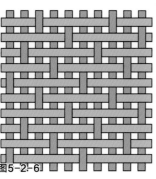
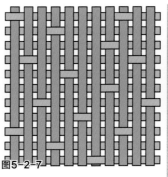

图5-2-5　图5-2-6　图5-2-7

图5-2-8

图5-2-9

纹组织的特点。因此，一般来讲，织物表面显示不出浮点短的一组纱线。缎纹组织交织次数在三原组织中最少，所以，手感最柔软，但强度最低，且其正反面特征相反。

在缎纹组织织物的设计过程中，要区别于以点构成形象的平纹组织和以线构成形象的斜纹组织，它是由面来构成各种装饰形象的。其中，纬面缎纹是以色彩不同的纬纱按缎纹组织交织出不同的面而构成，这在提花设计中较为常用，因为经纱几乎被纬浮长线完全盖住，体现不出其色彩的变化，故设计者在穿纬纱时，可随心所欲地变换纬纱颜色以达到预期的设计意图。经面缎纹组织的表面是以经纱的色彩倾向为主调，故此，在穿完经

纱后，无论纬纱怎样变换色彩，对织物的表面效果改观不大，这便是设计中很少采用经面缎纹的原因（图5-2-6、图5-2-7）。

缎纹分缎纹底和缎纹起花两种情况，缎纹起花，花纹以块面表现为主，不宜画横线条，因横线条的缎花断续而不连贯，易失去细线条的流畅感。相反，在缎底上起纬花，则不宜画过细的直线条。缎纹底的单层提花织物较多地采用正反缎表现形式。因为正反都是组织，所以经纬张力不受花纹影响，花纹可以自由绘画。此类品种如桑花缎、金波缎、花广绫等（图5-2-8至图5-2-10）。

（四）不同组织与色彩的设计变化

在提花设计中，相同的纹样设计

在不同的组织变化和色彩搭配中，织物会显现较大的视觉差异。这种差异不仅体现为能否准确表达设计者的意图、设计的品位，同时也很大程度影响到消费者的选择以及实用的效果。如何把握好设计、组织、色彩之间的关系，以及设计稿与织成物之间差异的调整，需要设计实践的不断积累（图5-2-11至图5-2-14）。

三、主要提花品种的纹样设计特点

（一）花软缎纹样设计的特点

花软缎是由桑蚕丝与人造丝交织

图5-2-10　　　　图5-2-11

图5-2-5　斜纹起花的纹样
图5-2-6　纬面缎纹组织
图5-2-7　经面缎纹组织
图5-2-8　缎纹起花的叶纹纹样
图5-2-9　缎纹起花的纹样
图5-2-10　缎纹起花的纹样
图5-2-11　相同纹样不同色彩配置的效果对比

图5-2-12

图5-2-13

图5-2-14

图5-2-15

图5-2-16

成的提花织物。因经纬所用的原料不同，对染色的吸色性也不同，织后经染练，花与底能呈现两种不同的颜色。由于该品种质地柔软、绸面光亮、图案自然大方，因而其深受消费者的欢迎。花软缎可作为衣料、装饰用绸。

1.组织特点

花软缎底部为单层组织，纬花部分是纬二重组织，一梭起花，一梭在底下衬以平纹。织物正面是八枚缎底，上面浮着人造丝纬花，为平纹暗花织物。

2.纹样设计特点

花软缎以中型写实花卉和其他植物纹样为主要题材，也可采用变形加工的装饰花卉纹样。纹样造型较为丰满为宜，使纹样肥亮突出。又因缎面使用的是桑蚕丝，所以应多留缎面，以突出其良好材质效果。为克服缎面组织简单的不足，纹样设计上可采用一色平纹暗花，或采用泥底影光或粗细线条的技法变化，使纹样表现粗中有细，美观耐看。花软缎的花纹排列，一般采用2-4个规则的散点排列法，也可采用连缀形、混底小花自由排列法等（图5-2-15、图5-2-16）。

（二）织锦缎纹样设计的特点

织锦缎作为匹料主要用作服装、服饰用绸和家用纺织品装饰用绸。

1.组织特点

织锦缎是由一组经线与三组纬线重叠交织成的纬花组织外，还与经线交织成八枚缎纹组织。因而，织锦缎一般都是选用经丝相近的颜色，以保持底色的纯度，底色用中色和深色为多。有甲乙丙三纬均作"常抛"，或甲乙两纬作"常抛"，丙纬作"彩抛"

图5-2-12　相同纹样不同色彩和组织的效果比较
图5-2-13　相似纹样不同组织、色彩配置的效果比较
图5-2-14　相同纹样不同底色配置的比较
图5-2-15　单色竹叶纹花软缎
图5-2-16　粉底缠枝花软缎

两种织造方法，在丙纬做"彩抛"时，甲乙两纬通常配成一深一浅两色，或轮流与作为主花的丙纬包边，或相互包边，或一色包边，一色作底纹。甲乙两纬贯穿于整幅图案，起到统一全局的作用，丙纬作"彩抛"时，要根据花纹的色彩位置不断更换纬丝。除用三色纬花外，还可用甲乙丙三色平纹及三色四枚斜纹，加上丙纬可抛出不同色彩及各纬之间相互包边，以使其绸面色彩丰富多彩。应用平纹和斜纹时应非常谨慎，应分清主次、条理清晰。

2.纹样设计特点

织锦缎图案风格派路较多，造型生动，结构灵活，布局多样，富有层次，纹样装饰意味浓郁。织锦缎以植物、动物、几何形素材为主，排列方式有清底散点排列，满底自由排列，连缀、重叠，几何形排列等多种排列形式。一般深色底配浅色效果较好，显得色泽艳丽，易于表现织锦风格。如以彩抛施色，则应根据组织设计的要求，起到画龙点睛的效果（图5-2-17至图5-2-19）。

（三）古香缎纹样设计的特点

古香缎根据题材选用的不同，分为风景古香缎、花卉古香缎，与织锦缎一样都属缎纹底起三色花的纬三重织物。

1.组织特点

古香缎在以丙梭起纬花外，甲乙

图5-2-17

图5-2-18

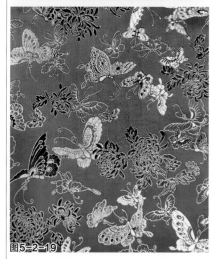

图5-2-19

图5-2-20

图5-2-21

图5-2-22

两纬都与底经交织成缎地，同时亦起纬花，纬密较稀，底部能隐约显出甲乙两纬的闪点。

2.纹样设计特点

由于古香缎的缎底不如织锦段细腻、高贵，因此设计时往往用满底花纹来掩盖这一缺点，花卉古香缎的

图案与织锦缎最相似，而风景古香缎则主要以装饰性较强的山水风景人物、动物、虫鸟为题材，有的还以民间故事、神话、童话为素材，表现一定的故事情节。为提亮绸面效果，可多用纬花，并适当增加面与线的对比，排列布局有以散点形式处理，有的则是一幅连

接性较强的整幅图案。图案安排应把主题部分放在主要部位，并用"彩抛"加以突出。风景古香缎常用泥地、竹云、滇水、云纹，一方面是它们本身便是风景中的常见之物，另一方面可利用它们将散点联系起来，形成统一的整体感强的画面（图5-2-20、图5-2-21）。

（四）棉织品大提花设计的特点

棉织品大提花主要用于床上用品、靠垫等家用纺织品，由于它品种多样、色泽雅致、质地精良、图形耐看，深受消费者的青睐，在家纺市场占有重要地位。

1.组织特点

由全棉作为经纱、纬纱交织，也有全棉作经和其他原料作纬交织的。这类面料是一个大类，根据花纹组织设计的不同还可以分成若干小类品种。但此类品种一般以缎纹作为底组织，布面可配以不同变化的纬起花、经起花、平纹或斜纹组织。多则有5-6种不同的花纹组织，少则有1-2种花纹组织。花回一般宽为18.5cm、37cm、74cm，长可根据纹样设计需要决定。另一类称为全棉小提花织品，其组织特点与此相似，花型较小。

图5-2-17 蓝底菊花纹织锦缎
图5-2-18 万字纹底龙纹团花织锦缎
图5-2-19 蓝底蝴蝶纹织锦缎
图5-2-20 淡绿底熊猫纹古香缎
图5-2-21 湖蓝底天女散花古香缎
图5-2-22 条纹底牡丹纹大提花纹样
图5-2-23 灰底玫瑰纹大提花纹样

图5-2-23

0104

2. 纹样设计特点

这类品种一般以欧洲经典纹样为主，也有直接以现代题材设计的，表现出新颖、简洁而具有内涵的特色，深受年轻消费者的欢迎。该品种配色以各种中性的同类色调为主，体现出典雅华贵、协调一致的格调（图5-2-22、图5-2-23）。

第三节 刺绣纹样的制作工艺与设计特点

刺绣，俗称"绣花"，是在已加工好的各种织物布料上，以针引线，按照设计要求对服饰及家用纺织品面料进行装饰和再造的一种工艺。按刺绣品种可分为：彩绣、包梗绣、十字绣、雕绣、贴布绣、钉针绣、锁绣、蕾丝绣、抽纱绣、缩褶绣、盘带绣、水溶绣等。按加工方式一般分为三类：手工刺绣、机械刺绣和数码刺绣。

一、手工刺绣的特点与设计方法

本节介绍的手工刺绣，主要是指根据服饰或家用纺织品的不同类型和功用，在特定的部位利用纹样以突出其装饰效果的针缝工艺。手工刺绣的特点和纹样设计方法，根据国家、区域、织物种类、使用方式、审美习惯、加工方法的不同，各有一定的样式和色彩运用规律。如在家用纺织品方面，中国传统纹样设计一般以平衡式为主，纹样以写意为主，多用人物、植物、花鸟和吉祥纹样；日本家用纺织品的刺绣，其绣工精细，色彩淡雅稳重，纹样古典富丽，运用金银线较多；而欧洲家用纺织品刺绣也各具有风采，俄罗斯及东欧国家以装饰性花卉和几何形纹样居多，挑纱和钉线为主要手法。北欧国家的纹样则多起于写实风格，多以红、绿色为底，手法以彩绣为主。而现代服饰面料的刺绣纹样设计中，除充分利用一般工艺和针法以外，在一些高级定制服装面料上珠子、亮片、宝石以及编带和丝带等也成为提升面料的艺术感染力和刺绣亮度，丰富表面造型肌理的手段。设计师与刺绣艺人对针法的不断试验，提供的创意性与个性化是机绣和数码刺绣难以企及的（图5-3-1至图5-3-3）。

二、机械刺绣的特点与设计方法

机械刺绣源于缝纫机的出现和普及。缝纫机刺绣也称为小机绣，在我国最早出现于20世纪30-40年代的上海，主要用于服饰和家用纺织品的装饰，如绣衣和床上用品等。机械刺绣以单机生产为主，刺绣时根据纹样的大小选择相应的绣绷，绣工手持绣绷，依靠不断移动位置来配合完成针线的走向（图5-3-4）。在纹样设计方面一般以单独纹样、适合纹样、二方连续为主，甚至可以表现尺度较大、结构复杂的折枝纹样。其纹样表现不仅吸收、继承了手工刺绣针法的特色，也吸收了花边工艺中扣眼、抽丝、雕绣等针法以及补花的特长，且针工细腻、线条流畅、色彩优雅细腻。机械刺绣设计主要定位于高级定制与大众化产品之间，如何很好利用机械刺绣工艺所长，是其纹样设计的重要所在（图5-3-5至图5-3-9）。

三、数码刺绣的特点与设计方法

现代数码刺绣融合了各类刺绣工艺的表现手法，同时也大大提高了产品的生产效率、品质及附加值。数码刺绣还具有实用性强、花色品种多、针法多变、生产速度快、产品应用范围广等特点。数码刺绣的基础针法虽不多，但结合制版软件的属性、功能却能产生出非常丰富的视觉效果，一个简单的包针可以演变出几十种绣制效果。因而，在具体产品中数码刺绣的纹样设计需要视设计要求灵活变化使用，通过其针迹属性得到较好的纹样表达，数码刺绣还可以通过配件的改变，完成平绣、丝带、珠片、仿宝石、绳线、雕绣、毛巾、植绒等特殊材料的刺绣工艺。

数码刺绣的工艺类型包括平绣、亮片绣、贴布绣、雕绣、绳绣、盘带绣、水溶绣、珠绣等。平绣是依靠图案、绣线和针法变化来创造纹样的最基本的工艺方法；亮片绣主要用于纹样的主要部位进行局部装饰；贴布绣也叫镶绣，是在绣花织物上另贴一块不同肌理或色彩的面料，然后用平包针锁边；雕绣也称镂空绣，是在已绣好的织物上进行局部的镂空，形成一种浮雕样的装饰效果；绳绣是用细绳平针，走出纹样的轮廓和装饰线条，以强调纹样的形状和立体装饰感；盘带绣也称绚带绣，是用不同形状、质地、宽窄的带子按平针的走法在底布上盘绣出纹样的形状；水溶绣是用水溶布做底布，上面用平绣针法紧密相连地绣出纹样，用高温水煮后褪去水溶布，呈现独立纹样的工艺。

数码刺绣使用的面料一般为轻薄型，花型以散点布局、条状布局为多，色彩多为同类色和淡雅色。在设计过程中要考虑合理的接版位置，以及定位快捷、便捷、功能多、自动化程度高，并具有很强的编辑和存储功能。设计中还可以充分考虑数码绣花机能存储近百种花样，存储针数达到30多万针的优势，一般可以对花样进行缩放旋转及组合分割等编辑处理，以适应刺

图5-3-1 中国传统手工刺绣
图5-3-2 现代手工刺绣中的乱针绣作品
图5-3-3 18世纪欧洲男士服饰上的手工刺绣

图5-3-1

图5-3-2

图5-3-3

图5-3-4

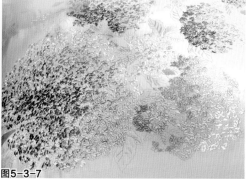

图5-3-7

图5-3-5

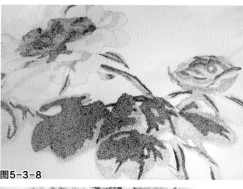

图5-3-8

0105

图5-3-6

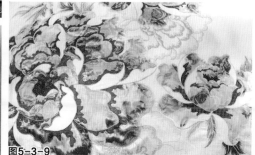

图5-3-9

图5-3-10

绣纹样设计的实际需要（图5-3-10）。

现代数码刺绣多用于服装、家纺、家居等产品，商业化特征明显，纹样的设计比较受制于产品的风格与销售定位。纹样的布局既要符合现代生活方式和形式美感的要求，又要注意生产设备的限制条件，还要考虑生产成本的控制因素，其中纹样绣制针数的多少直接关系到生产耗时，是控制成本的关键因素之一。在纹样设计中，特别要注意纹样的具象形态、几何形态、抽象形态等与数码刺绣制版的工艺特色、设计趣味的结合（图5-3-11至图5-3-14）。

图5-3-11

图5-3-12

图5-3-13

图5-3-14

纹样设计

纺织品

现代纺织艺术设计丛书

TEXTILE PATTERN
DESIGN

0106

第四节 地毯纹样的制作工艺与设计特点

地毯是一种地面铺设类织物，在室内环境中使用较为普及。地毯不仅起到提示和限定空间，柔化空间视感，使人们行走时感到舒适、减少噪声、防止滑跌作用，还具有装饰、美观、吸音、隔音、隔热等实用功能。

地毯按制造工艺可分为手织地毯（图5-4-1）、机织地毯（机织地毯按结构与制造方式不同有威尔顿地毯、双层威尔顿地毯与阿克斯明斯特地毯三种）（图5-4-2）、栽绒地毯（包括钩针栽绒地毯、簇绒地毯）、粘合地毯（包括植绒地毯、编织地毯、凸条粘合地毯）、针织地毯等。按铺设方式分类有花拼地毯（图5-4-3）、区位地毯、小方块地毯、椭圆形和圆形地毯（图5-4-4）、组合地毯等。

地毯质地丰满，外观华美，铺设后有极好的装饰效果。由于地面铺设场所的不同，使用功能的不同及铺设形式的变化，在开发和设计中也就呈现出多风格、多性能的特点。

地毯的布局一般分为两大类，一类是以传统地毯为主的，在特定幅面中以一组独立纹样，具有完整布局的适合纹样形式（图5-4-5）。二类是以现代机织、簇绒地毯为主的以四方连续形式布局，以单个纹样按一定规律重复排列的四方连续形式（图5-4-6）。传统地毯多指用羊毛、蚕丝以手工编织方式生产的地毯。我国生产这类地毯历史悠久，并形成了独特的图案风格，具有富丽华贵，精致典雅的特点。传统地毯图案采用适合纹样格局形式，根据图案的具体布局与艺术风格的不同，分为以下五类。

一、北京式地毯的工艺与设计特点

北京式地毯构图风格为格律式，毯面构图追求"四平八稳，疏密得当，层次分明，结构严谨，节奏韵律感强，疏密适度"。在具体图形构成要求上既要讲"理"、讲"数"、讲规范、讲严整，又要有"灵"、有"巧"，生动富有变化。北京式地毯以寓意吉祥美好的题材为主，北京式图案主要有如意、八宝、八仙、八吉祥、四君子、博古和象征皇族权威、神圣、尊严的龙、凤等。

北京地毯中的回形纹样是最具代表特色的纹样。"回纹边"在北京式地毯中所占的位置尤其突出。"回纹边"的装饰位置在"内底"之外，"大边"之内，宽度约为大边的二分之一宽，回纹边在整体毯面的构图上，起着一种把大边与内底"隔"开的作用，而且中国传统地毯的"地内"花纹与"大

图5-4-3

图5-4-4

图5-4-1 中国传统的手织地毯
图5-4-2 威尔顿地毯
图5-4-3 花拼地毯
图5-4-4 黄底白花圆形上海丝毯

图5-4-1

图5-4-2

图5-4-6

图5-4-5 上海蓝底博古丝毯 1980
图5-4-6 四方连续的现代机制毯
图5-4-7 博古纹样的北京地毯

图5-4-5

图5-4-7

边"花纹其主花一般风格是一致的，相对趋于活泼，在"回纹边"统一之下，二者达到了活泼、节制、统一的效果。同时，又通过"回纹边"自身的宽度与"弹子边"配合，使从"大边"到内底有级数差的变化，从而使多边边组合型纹样的构图变化既有条理，又有规矩（图5-4-7至图5-4-9）。

0107

北京式地毯的编织工艺采用的是"8"字扣栓结法，经纬均为棉线，粗纬为羊毛线，起绒高为10毫米以上，栽绒直立，毯背坚实。30厘米有80排至90排结扣（即80道至90道），细者达到120道。

二、美术式地毯的工艺与设计特点

美术式地毯又称洋花型地毯，是20世纪初由法国商人从法国带来设计样稿，中国地毯制造商组织生产加工后返销法国的织毯品种。

美术式地毯纹样借鉴了法国奥伯逊地毯的纹样程式和表现方法，大多是仿法国宫廷洛可可装饰纹样，以写实与变化花草，如月季、玫瑰、卷草、螺旋纹等为素材，毯面纹样比自然植物形态更富有韵律美，更充满浪漫色彩。地毯中心常由一簇花卉构成椭圆形的纹样，四周安排数层花环，外围毯边为两道或三道边锦纹样。美术式地毯的主花一般采用五至六种颜色，用套色的表现方法来塑造花卉形象，注重受光、背光的立体效果表现，花与掌

图5-4-8

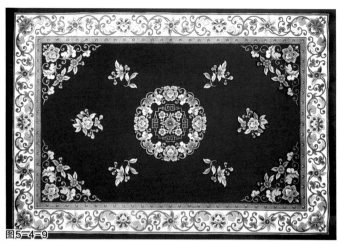

图5-4-9

图5-4-10

图5-4-11

图5-4-12

图5-4-13

状叶以花丛组合形式，突出植物自然形态生长规律的表现。地毯织成后，小花作一般的片剪，大花作加凸工艺处理，使花纹层次更丰富，主次更分明。

美术式地毯纹样在整体的构成上采用的是多重卷曲纹样，边饰与底内连成一体，画面的主体结构是以向心、放射、对称、回旋为基本骨格，而垂直线和水平线隐藏在各种涡形线和具

象形中，从而产生视觉上既生动活泼又趋于稳定的毯面装饰风格（图5-4-10至图5-4-12）。

美术式高级羊毛地毯均为手工织造的栽绒地毯，按工艺方法的不同分为抽绞工艺、拉绞工艺。抽绞工艺是倒8字形栽绒结，其缠绕的方法是在平行状态的前后两根经线上用毛纱从前经线的左下方往右上方缠绕一圈，

然后使毛纱头继续从后经线的右侧穿过，从左侧返回前方与另一组毛纱并行从前经的左侧并伸于毯基之外形若

图5-4-8　八宝纹样的北京式地毯
图5-4-9　花卉纹样的北京式毛织地毯
图5-4-10　绿底花卉纹美术式地毯
图5-4-11　青底玫瑰莨苔叶纹美术式地毯
图5-4-12　白底花卉纹美术式地毯
图5-4-13　黄底花卉纹东方式地毯

倒 8 字。拉绞工艺其缠绕的方法是在平行状态的前后两根经线上毛纱从前经的右侧斜穿入后经左侧，然后再从后经右侧返回斜穿过前经的左侧，使栽绒结的两组毛纱分别从前经的两侧伸于毯基之外形若正 8 字。

三、东方式地毯的工艺与设计特点

东方式地毯传入我国时间比美术式地毯历史久远一些，尤其我国新疆、西北地区生产东方式地毯更早。东方式地毯具有很鲜明的波斯传统风格，以几何图形、抽象组合式纹样为主题，也有表现植物纹样和卷草纹，但是其卷草纹的半叶状顶端常设计成纯理性的"双叉型"和"对称卷曲型"树枝状，体现为一种非写实性、图式化、抽象化形式。在纹样组织上常反复套叠、细密精致，位置与空间、纹样与纹样之中似乎潜藏着阿拉伯数字的绝妙计算。在边饰、底内中用基本的几种几何形纹样以四方连续或二方连续的形式，依据数据成倍翻番使用，在直线和几何曲线交叉结合中也有 90、45、30 的明显的数理规律成片组合的纹样。

东方式地毯在纹样整体风格上受波斯艺术影响较大，各种植物、花鸟经变形组成装饰感很强的几何形，纹样细密、繁杂、节奏感强烈，图案结构过于均齐、规整。东方式地毯图案具有伊斯兰纹样的显著特征。因此，东方式地毯的装饰反映出伊斯兰艺术特有的细密装饰风格和神秘的色彩特性。

东方式地毯纹样边饰较多，层层叠叠，毯面给人视觉感受平整规范。同时，东方式地毯纹样底内很少运用自然形态的折枝花，而常常以暗花、卷曲形连续式几何纹样进行填充，空白空间少，节奏感强，华丽而繁杂琐碎。东方式地毯色彩浑厚深沉，多为棕红、黄褐、灰绿色调。常以变化丰富的小花、枝叶构成一组组花纹，并以单线包边来表现图案的形态与结构，图案显得精巧细致（图 5-4-13 至图 5-4-16）。

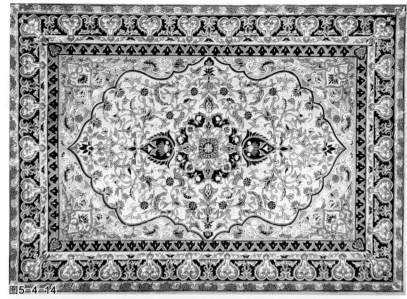

图5-4-14

图5-4-15

图5-4-16

图5-4-14 蛋青底阿拉伯风格卷草纹东方式地毯
图5-4-15 红底中心结晶纹东方式地毯
图5-4-16 青底阿拉伯风格卷草纹东方式地毯

图5-4-17

图5-4-18

图5-4-19

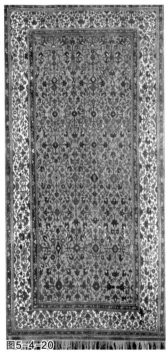
图5-4-20

图5-4-17　方形彩花式地毯
图5-4-18　卷云折枝花纹彩花式地毯
图5-4-19　黑底牡丹福寿纹彩花式地毯
图5-4-20　栽绒银线边金线底花卉纹地毯　清代

五、金丝挂毯的工艺与设计特点

金丝挂毯古称"红线毯""红绣毯"，用真丝和金银线编织而成，绒头长，色泽典雅，已有2000多年的历史。河北省涿州市的金丝挂毯继承和发展了古代丝毯构图严谨、色彩绚丽、织工精细的传统，品种有丝绒片和丝盘金两类。其高道数的产品可以与世界闻名的伊朗丝毯媲美（图5-4-20）。

六、思考与练习

1. 印染纹样的主要加工工艺有哪四类，简述各自的特点以及与纹样设计的关系。

2. 提花纹样设计中的三原组织指哪三种？请用文字和图像结合的方式表述它们的特点。

3. 简述织锦缎和古香缎的特征与区别

4. 简述手工刺绣、机械刺绣、数码刺绣在纹样设计上的特点与主要使用范围。

5. 简述北京式地毯、美术式地毯、东方式地毯、彩花式地毯的构图和纹样特征。

四、彩花式地毯的工艺与设计特点

彩花式地毯俗称八大绣，是京式地毯的一种延伸和发展。

它以自然写实的花枝、花簇——如牡丹、菊花、月季、松、竹、梅等为素材，辅以龙凤、八仙、八宝、博古等纹样，运用国画的折枝手法作散点处理，自由均衡布局。在地毯幅面内安排一二枝或三四枝折枝花，多以对角的形式相互呼应，毯面空灵疏朗，花清底明，具有中国画舒展恬静的风采。

彩花式地毯构图灵活，富于变化，有时花繁叶茂，有时仅以零星小花点缀画面，有时也可添加一些变化图案如回纹、云纹等作为折枝花的陪衬，增加画面的层次与意趣（图5-4-17至图5-4-19）。

彩花式地毯纹样色彩自然柔和，明丽清新，花卉多采用色彩渐次变化的晕染技法处理，融合了写实风格的情趣和装饰风格的美感。地毯织成后经片剪后更显得细腻传神，栩栩如生。

6

第六章

纺织品纹样设计的
色彩运用与流行趋势

对于纺织品纹样设计来说，色彩是设计中最基本的要素之一，也是消费者第一眼所能看到的要素，因而有了"七分颜色，三分花"这样的视觉通感描述。在对色彩原理充分了解的基础上，结合纹样设计的特点进行色彩要义、表现方法、流行趋势的领悟和实践，是每个纺织品纹样设计师的必修课。

第一节 纺织品纹样设计的色彩原理与多元化表现特征

图6-1-2　　　　　图6-1-3　　　　　图6-1-4

图6-1-5　　　　　图6-1-6　　　　　图6-1-7

一、色彩原理的理解和运用要义

关于色彩的基本原理和基本知识，在此也无须赘述。本章仅就纺织品纹样设计色彩运用中，必须重点掌握的几个问题加以阐述。

（一）色环的认识和运用

依据太阳光谱可见光线强弱按规律排列的色环，是一个非常实用的工具，运用这个工具你可以清晰地看到色彩之间的关系，尤其是在补色运用方面（色环上位于相对位置的色彩）。色环看似简单，但理解和运用好需要长期的积累（图6-1-1）。

（二）色调的相对性

根据色彩的相似性集合起来就形成了色调。一般来说，暖色调由黄色、红色、赭石的混合色以及它们的衍生色棕色、橙色所形成；冷色调则由蓝色、紫色和绿色混合后形成。但在具

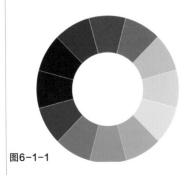

图6-1-1

体设计中，所谓的暖色和冷色是相对的，而不是绝对的。如在暖色调中黄色与红色相比较前者就是冷色。对色调相对性的认识在设计运用中至关重要（图6-1-2、图6-1-3）。

（三）对比与协调的度

对比与协调是我们在纹样设计中经常使用的两个色彩要素。对比色能有效打破纹样设计中色彩的单调和沉闷感。相反，协调色暗示的是宁静、优雅，反差较小。实现协调色调的配色，最有效的方法是选择色环上的邻近色和同类色进行搭配，并且准确地把握好其中的"度"。同类色的使用可以包含不同明度渐变的3~4种邻近色。此外，根据色彩的冷暖、明暗、互补、饱和度以及灰度来进行色彩搭配，可以有效地呈现形式感。因此，当我们设计那些和谐且对比较弱的纹样时，为确保色调呈现微妙细腻的对比关系，色彩之间的对比可以适度夸张（图6-1-4）。

（四）色彩三要素的整体认识和准确把控

在色彩运用中，色相、纯度、明度被称之色彩三要素。在多年的教学和设计实践指导中，笔者发现，色相、纯度是比较容易受到重视和运用比较

图6-1-1　12色相环
图6-1-2　暖调纹样
图6-1-3　冷调纹样
图6-1-4　色调的微妙对比关系是色彩协调的基础
图6-1-5　以色相对比为主的纹样设计
图6-1-6　以明度对比为主的纹样设计
图6-1-7　以纯度对比为主的纹样设计

好的两个要素，但另一个要素——明度，却常常受到忽视。一个纹样设计只有色相和纯度的变化，而缺乏明度变化时，必定会显得杂乱和缺乏精气神的。如果将此纹样转化为黑白色时，明度对比的缺失就会一览无余了。因而，一个优秀的纹样色彩设计，对色彩的三要素的全面认识和准确把控至关重要（图6-1-5至图6-1-7）。

二、纺织品纹样设计的色彩组合与表现特征

人们常说的："远看颜色，近看花"，非常形象地强调了色彩视觉第一印象的重要性，这里讲的颜色，实际指的是色调，也就是纹样设计远观时的总体感觉。一个优秀的纺织品纹样设计一般虽由几种或十几种色彩组成，但一定具有某种倾向性的色彩组合方法，也即通常所说的色调设定，设计师在进行多种色彩综合对比时必

须要强调、突出色调的倾向，使色相、明度、纯度的某一方面处于纹样色彩的主导地位。

（一）纹样设计中色调的组合与运用

色相、纯度、明度此三要素通过各自的对比与组合就形成了不同的色调类型，在很多色彩学著作和教材中都做了比较翔实的介绍，本节仅做提示性的要点概述。

1. 色相对比组合

色相的对比效果，取决于色相之间的距离（色环角度），色相对比组合主要有同种色相对比组合、邻接色相对比组合、类似色相对比组合、中差色相对比组合、对比色相对比组合、互补色相对比组合（图6-1-8）。

2. 纯度对比组合

纯度对比是色彩对比中的重要途径之一，我们将灰色至纯鲜色分成10种等差级数的纯度序列，可分成九种纯度对比基本类型，如高长调、高短调、中长调、中高短调、中低短调、中短调、低长调、低短调、最长调。了解每一对比类型表达的等级程度，是表达和运用的基础（图6-1-9）。

3. 明度对比组合

正如前文所说，明度对比在色彩设计中，同样也起着至关重要的作用，明度对比组合一般将从黑到白分成10个等差级数明度序列，这样可分成九

种不同的明度对比基本色调，如高长调、高中调、高短调、中长调、中中调、中短调、低长调、低中调、低短调（图6-1-10）。

本节将色相、纯度、明度的对比组合予以提示，其原因在于每个设计师在纹样设计的色彩运用中，需要非常清晰地知道，我的色彩运用主要强调的是什么，是以色相对比为主，还是明度对比为主，应该处于什么样的对比等级之上？而不是似是而非、模糊不清。或根本没有设计的前设，画到哪里算哪里，然后再不停地调整，这是我们要尽力避免的。

（二）纹样设计中色调变化的方法与规律

本节中所说的色调变化，是纺织品纹样设计中非常重要的一个特殊色彩概念，即指根据市场需求，对同一种纹样提出的不同配色方案，以及同品种多花色系列设计的配色方案。色彩变调的方法一般有定形变调、定色变调、定形定色变调等。

1. 定形变调

在保持纹样、花型不变的前提下，通过变化色彩而达到改变色调倾向的目的，纺织品纹样设计中，很多品种的设计都必须先画好某种色调的"定稿"，接着就是给"定稿"设定多种配色方案，即定形变调。定形变调主要有两种形式：其一，同明度、同纯度、

异色相变调即根据"定稿"色调，保持明度和纯度不变，只变化色相，从而改变色调的倾向。其二，异色相、异明度、异纯度变调，即根据"定稿"色调，将色相、明度、纯度作全面改变，使其变化成完全不同的色调类型。

定形变调在电脑上实施非常快捷方便，如用手绘方法制作，则必须利用色相环进行，否则"配色"很难符合"定稿"的风格、意境（图6-1-11）。

2. 定色变调

保持纹样色彩套数的不变，只作纹样、花型上的色彩变化。此方法多用于系列产品的延伸和拓展设计。此色调转换的关键在于，对纹样、花型上的色彩可以做大面积基调色的变化，也可以是作小面积的点、线、面形态的交叉、穿插，并置组合的色彩变化，使色彩之间互相呼应、取代、置换，做到你中有我、我中有你，让系列纹样设计既统一又有变化，既有整体性又有相对独立性，增强设计的配套系列感（图6-1-12）。

3. 定形定色变调

在花型和色彩都相同的前提下，考虑纹样大小、布局、位置上进行适当变化的系列设计方法，这种类型在家用纺织品配套设计中应用较多，如

图6-1-8 以互补色相对比为主的纹样
图6-1-9 以纯度对比为主灰中调的纹样
图6-1-10 中长调的明度对比纹样

图6-1-8

图6-1-9

图6-1-10

0114

图6-1-11

图6-1-12

图6-1-13

图6-1-11 定型变调的系列产品纹样设计
图6-1-12 定色变调纹样设计
图6-1-13 定型定色变调的纹样设计

选定6个色彩进行组合、搭配，同时选择玫瑰花为统一设计母形。如窗帘以中花二方连续排列，床品以小花四方连续排列；靠垫以大花单独纹样或适合纹样安排等（图6-1-13）。

第二节 纺织品纹样设计的色彩情调营造

纺织品纹样设计中讲究"品位"和"情调"，是提升产品格调的方法之一。在题材和形象之外，色彩是最能引发视觉和心理对"品位"和"情调"感受的元素。通过色彩移情方法的营造，设计师往往能较好地将"品位"和"情调"传达给消费者，引起他们的感情共鸣和消费欲望。色彩本身并无所谓感情的具体指向，人们是通过对于生活经验的联想来感受"品位"和"情调"，从而影响感情变化的。

一、季节性色彩情调的营造

自然中的四季，除了有明显的温度、光照的变化外，世界万物在不同的季节中也会呈现出不同色彩变化。而服饰和家纺纹样设计对不同季节产品色彩的定位，则更为突出了人们对这种季节性的色彩感受。

（一）春夏色彩

季节的气候特征决定了纺织品的功能与款式，同时也赋予了纺织品纹样的色彩风貌，尤其是功能性强的纺织产品更能凸显季节化的色调。春季万物复苏、草木茁壮，让人感觉更多的是清新与生长，纺织品纹样设计的色彩通常也因此呈现出粉红、浅蓝、鹅黄、嫩绿等高明度的色调；夏季是植物生长的季节，气候的炎热使人们更追求凉爽、葱郁的色彩感觉，深远的海洋蓝、浓郁的森林绿也成为这个季节的传统用色，以烘托夏季热烈的高纯度对比色彩也成为另一种常见色调；夏季的家纺纹样则多以清凉的高明度冷色为主，钴蓝、湖蓝、浅紫、翠绿等色彩也就成为这个季节的纺织品纹样设计的主色调（图6-2-1）。

（二）秋冬色彩

秋季纺织品纹样的色彩分两大类，

第一类来自气候转寒，树木的萧瑟而体现出的沉稳与含蓄特征，常见的色彩有紫绛红、铁锈红、茶绿色、泥灰色、乌贼墨等；另一类则以丰收的果实，缤纷的植物色彩为特征，小麦黄、枯黄色、黄红色、咖啡色等都是这个季节最受欢迎的色彩，这取决于季节变化所带来的消费心理和视觉的需求。冬季色彩以单纯浓重的暖色系为

主要用色，以体现织物的厚重与保暖感，表现在家纺与服饰纹样用色中，则多用暖色系列的棕红、橙红、酒红、紫灰、暖灰等（图6-2-2）。

二、通感色彩情调的把控和营造

一般来说，通感就是把不同感官的感觉沟通起来，借联想引起感觉转

移。本节中主要指视觉上人们共有的一种生理、心理感受。在通感中，颜色似乎会有温度、冷暖似乎会有重量。如"温暖的红色"和"清冷的蓝色"，仿佛视觉和触觉相通，从现代心理学或语言学上来说这些都属于"通感"。本节所论及的通感色彩情调，在纹样

图6-2-1　春夏家纺色彩
图6-2-2　秋冬家纺色彩

图6-2-1

图6-2-2

设计的色彩创意和最终的效果调整中，可以发挥很好的作用。

（一）色彩的冷暖感

冷色——蓝、蓝绿、蓝紫等色为冷色，使人联想到冰雪、天空、深海等物象，感觉寒冷、沉静、智慧、深远、崇高等。

暖色——红、橙、黄等色为暖色，它们使人联想到太阳、火焰、灯光、阳光等物象，从而感觉温暖、热烈、明亮、华丽、辉煌等。

中性色——绿、紫等色为介于冷、暖之间的中性色，绿色是大自然中最常见色，使人联想到叶、草等植物，感觉平和、亲切、安全、充满希望等，含灰的绿如橄榄绿、咸菜绿等，则给人以成熟、平实之感。紫色在自然和生活中较少见，往往使人联想到宝石等，因此以稀为贵，感觉神秘、高贵、优雅等。含灰的紫色有忧郁感，高明度、低纯度的紫，如太空、宇宙的光波，淡雅而富于高科技时代感。

（二）色彩的体积感

大小感——由于错视及心理因素的联想作用，暖色、高明度色等有扩大、膨胀感；冷色、低明度色有显小、收缩感。

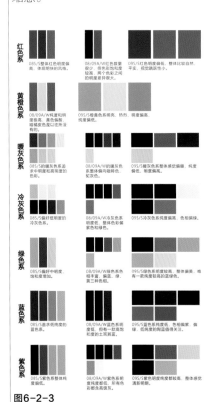

图6-2-3

图6-2-4

图6-2-5

前后感——一般暖色、纯色、高明度色、强对比色、大面积色、集中色等较有前进感；冷色、浊色、低明度色、小面积色、分散色等较有后退感。

（三）色彩的质量感

轻重感——高明度色使人联想起白云、彩霞、棉花、羊毛及许多浅色花卉等，易产生轻盈、飘浮上升、敏捷、灵活等感觉；而低明度色使人想起钢铁、大理石等物品，易产生沉重、稳定、降落等感觉。

软硬感——其感觉主要也来自色彩的明度，但与纯度亦有一定的关系。高明度色彩一般呈现软感，低明度色彩一般呈现硬感；中、低纯度色一般呈现软感，因它们易使人联想到骆驼、狐狸猫，猫狗等许多动物的毛皮；高纯度色一般呈现呈硬感（图6-2-3）。

（四）色彩的时代感

纹样设计中色彩同样可以表达时代感，如古朴的传统感与华彩的现代感等，其中纯度影响最大。

古朴感——明度低和纯度低的色彩，冷色和单纯色，弱对比色都会

图6-2-3 对各种色调的充分认知可以让我们很好地把握色彩的冷暖感、体积感、质量感等

图6-2-4 具有古雅、质朴色彩感的墙纸纹样设计

图6-2-5 具有华丽、高纯度的现代感墙纸纹样设计

图6-2-6 具有积极、进取情绪感的色彩设计

图6-2-7 具有消极、被动情绪感的色彩设计

给人较为古雅、质朴的传统感（图6-2-4）。

现代感——明度高、纯度高的色彩，暖色，丰富色，强对比色会给人较为华丽、辉煌与现代的感觉。带有光泽的色彩，也比较容易获得华丽的视觉感受，有现代感（图6-2-5）。

（五）色彩的舒适感

所谓的舒适感是色彩刺激视觉生理和心理的综合反应，与之相对的是疲劳感。

舒适感——绿色是视觉中最为舒适的色，因为它能吸收对眼睛刺激性强的紫外线，绿色的植物、树林、草地都可以帮助消除疲劳，获得一种视觉舒适感。

疲劳感——实际上，红色刺激性

图6-2-6

图6-2-7

最大，容易使人兴奋，也容易使人疲劳。凡是视觉刺激强烈的色或色组都容易使人疲劳，反之则容易使人舒适。一般来讲，纯度过强、色相过多、明度反差过大的对比色组容易使人产生疲劳感；过分暧昧的配色，由于分辨困难，也容易产生疲劳感。

（六）色彩的情绪感

在人的情绪感中，积极感与消极感是最重要的组合之一。并且积极感、消极感与色彩的兴奋感与沉静感相似。

积极感——一般来说，黄、橙、红色调为主的色彩被认为是积极主动的色彩，积极主动的色彩具有生命力和进取性（图6-2-6）。

消极感——青、蓝、蓝紫色调为主的色彩常常被划为消极被动的色彩，消极被动的色彩是表现平安、温柔、向往的色彩（图6-2-7）。

色彩的积极感与消极感主要与色相感受密切相关，同时又与纯度和明度有关，高明度、高纯度的色彩具有积极感，低明度、低纯度的色彩具有消极感。

第三节 纺织品纹样设计与色彩流行趋势

一、纹样设计与色彩流行趋势

流行趋势的预测和运用直接或间接影响着设计的许多领域，也影响着服饰和家纺的纹样设计。流行趋势是某些趋势预测公司或团体关注市场中

图6-3-1 色彩流行趋势的发布与纹样设计预测

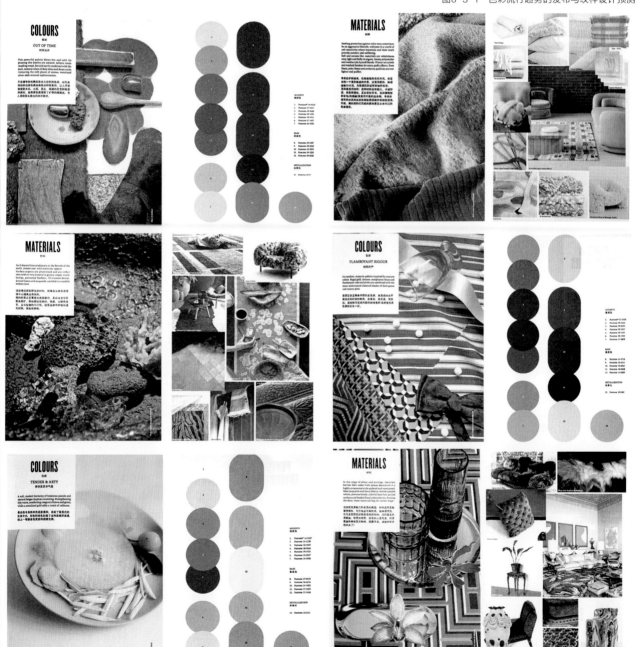

图6-3-1

的某一特定领域，并试图预测某市场下一季节或者来年将来会发生怎样的变化的一种报告（图6-3-1）。流行趋势预测公司或团体不但关注现阶段处于流行的趋势，并对该流行趋势做出评估，判断其是否会继续维持、过时或愈演愈烈。流行趋势是根据各种各样的资源，以告知流行的未来走向，这种关注涉及社会、经济、艺术、时尚、科学、街头文化以及高级女装等方面正在发生的事件。纵观历史上那些重要的流行趋势发布，它们都能通过在时尚流行领域所发生的变化而被人所认识。有些设计公司、设计师并不热衷于追随那些发布的流行趋势，相反他们会按照自身的预测和观念去进行设计，并以艺术家的方式去操作，发展属于个人的观点与理念。设计师是这样，消费者中也有一些群体是这样，他们不会在意市场流行什么，而是根据自己的特点和一贯的喜好来设定属于自己的色彩系统。这些消费群体包括政治家、演员、体育明星、艺术家等。这些群体的服饰、家居色彩有时也会成为小众流行趋势的引导者。

二、纹样设计与流行趋势的层次

　　一般来说流行趋势有长期流行趋势与短期流行趋势之分。长期流行趋势主要和社会发展趋势、人口统计数据、全球化趋势、新技术以及加工工艺有关。例如，网络使用的日益增加促使交流更加简单，也使得更多的员工可以在家工作，这便对服装、家居色彩流行产生一定的影响。短期流行趋势更多地受到稍纵即逝的时尚潮流，如一次重要的回顾展或者是一位新的热点设计师近期作品的影响等。

　　流行趋势的预测还分为几个层次：第一个层次是色彩的流行趋势。它来自世界各地的色彩研究小组提出他们对未来的流行色系的想法。有时候，这些预测可能两年后才会在商店里看到。第二个层次是面料质地和构造的预测，它决定了面料趋势，纤维公司、工厂和织物生产厂家将会关注这类流行趋势的预测，以便了解那些新发明

图6-3-2　以鲜亮底色为主的异国情调花卉趋势发布
图6-3-3　以帝王花与蓟草等观赏性花卉为主的趋势发布

和改进的纤维，它们关注各种不同纤维的混纺产品及其性能，同时也关注着对纱线重量以及后整理方式的流行预测。第三个层次是面料的表现效果，换句话说，就是纹样、色彩与季节性的装饰设计，例如深色印花和主体图案与色彩等。第四个也就是服饰、家居产品廓型设计的流行趋势预测，包括各季的主要服装、家居产品的局部、细部与廓型（图6-3-2、图6-3-3）。

三、影响纹样设计与流行趋势的主要因素

（一）文化因素

　　以前，时尚是属于富有阶层的，大众阶层的人们则是观察前者然后去效仿（向下流动理论），或从众地接受。现在，时尚流行趋势被看作是既向下流动也向上流动，各阶层消费者受其影响，也在上下波动，这又反过来推动了新流行趋势的发展，当大众时尚变得太过主流与大众化时，它们又被

认为是不流行的，结果，一种新的流行趋势和设计风格就会随之出现（图6-3-4）。

（二）新技术因素

新技术与工艺引领纺织工业的发展，包括新型纤维、纱线、染料、印染工艺、织造工艺或是数码科技，这些新的技术与工艺转而促使新色彩与新产品的形成，创造了新的流行趋势（图6-3-5）。

（三）趋势展会

通信技术的快速发展，使得流行趋势信息经由网络在数秒之内就被传播到世界各地。一场在纽约的时装秀，很快便可在世界各地看到，并立刻被一些生产厂家和设计公司作为设计灵感。现在的流行趋势传播与接受比以往任何时候都来得快，因此，新的流行趋势也会更快地被取代。各种行业展会的流行趋势信息，包括面料的质地、纱线、色彩等方面都是流行趋势的重要组成部分，也是我们纹样设计中必须关注的重要参照（图6-3-6）。

图6-3-4　以生态保护为题材的流行趋势
图6-3-5　科技发展与面料设计关系密切

图6-3-4

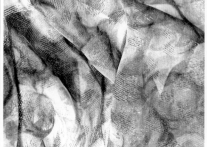

图6-3-5

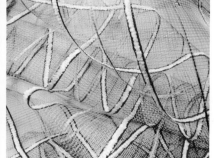

（四）判断的直觉

在流行趋势预测的领域内，没有什么是事实，所有的信息都需要进行理解或重新诠释。然而，总是有一些设计师，他们在理解信息方面有着与生俱来的直觉，并能成功地预测行业或自己产品的流行趋势，这是显而易见的事情。与生俱来的直觉在流行趋势预测和运用中扮演着很重要的角色，因而在理性分析的基础上，相信你在纹样设计中对流行和色彩的直觉吧。

四、思考与练习

1. 简述纺织品纹样设计中色调变化的主要方法与规律。

2. 简述对流行色的认识，以及此年度春夏流行色的特点。

3. 简述纺织品纹样的通感色彩情调的把控、营造的主要方法。

4. 简述纺织品纹样设计与流行趋势相关的几个层次。

5. 影响纺织品纹样设计与流行趋势的主要因素有哪些。

图6-3-6

图6-3-6　趋势展会的信息成为纹样设计的重要参照

第七章

7

纺织品纹样的
实验性设计与主题性设计

第一节 实验性纺织品纹样设计

一、实验性纺织品纹样设计的概念解读

"实验性"是相对于"传统性"产生的概念，在实验的过程中存在不确定性与不可预知性，也许实验的实施没有完整的结果，但是具有挑战与反叛性的过程就是实验性设计的最有价值的"成果"。同时，实验性还存在永恒的变动，只要是不断地寻求新的方式改变现有，就可称之为实验性设计。

实验是为了检验某种科学理论或推断假设而进行的操作或某种活动，实验也是科学研究的基本方法之一。实验性作为先锋性、创意性、变革性、趣味性的同类词在当代设计领域被大量使用，南京艺术学院设计学院纺织品设计专业也顺应时代发展潮流，开拓视野，突破原有教学模式，创新性地加入实验性设计课程，在原有的学科教学范式基础上，思考纺织品设计领域中的实验性浸入，跨界与拓展，探讨科学与艺术的边界与融合，关注学科领域之外的设计话题与设计方式，试图探索图案创新设计的最大可能性。

对实验性设计的讨论，是源于对设计世界日新月异、五彩缤纷的体察和感悟，是源于那些令人拍案叫绝的天才创造，是源于艺术设计的那些探索、实验及纯粹形式的空间存在。

实验性具有探索的属性，要有反复尝试与打破传统的胆量，要有钻研的态度与精神，也要有多元化与包容性。定义实验性设计时，应考虑其前沿性、观念性、未来性、创新性的特质。

在艺术设计已经成为一个重要的学科、行业门类的状态下，人们逐渐把兴趣与视角投向"新"与"异"的方面，试图从门类的归纳、语义的解读以及从生成缘由等方面把握实验性设计的某些条理因素时，为从事艺术设计的人们提供某些启迪。艺术设计作为思维方式的结果与创造力表达的行为方式，其本身不可否认就具备了实验性色彩，实验性设计通常不要求做到整体性，因为其本身要求注重在复杂的项目整体中只能关注某一方面，以此来获得局部的创新突破。[1]设计师在作品中探索虚拟性、前卫性、概念性、未来性的设计方式，设计中的某些艺术成分被夸大和赋予戏剧性效果时，作品就更具实验性色彩。在纺织品图案设计中，可以关注图案的表现方式、编排规律、呈现载体、主题表现等方面求新求变，对设计中的实验性行为与现象给予关注，关注"新"与"异"的设计亮点对传统的反叛和对规则的扬弃，以及对主流的异议，对新事物的渴望与追求。

二、实验性纺织品纹样设计的类型

（一）交叉与边界

当代设计教育大力提倡跨学科合作的创新方式，打破学科间的壁垒，综合运用先进的方法、技术来呈现设计。作图方式的更新和计算机辅助设计技术的迭代，让纹样生成有了更多元的途径，探索和掌握更多元的计算机制图技术，是对专业学生的新要求。借助优化的平面设计软件及非二维的设计软件尝试纺织品纹样设计的创新途径，可以获得具有实验性的创新纺织品纹样设计案例。

图7-1-1 分形技术生成纹样，作者：胡丽珍，指导教师：张萍、步振华

注释：

[1] 高岩，朵宁．从标新立异到集成运算化设计[c].2010 年全国高等学校建筑院系建筑数字技术教学研讨会论文集，2010（08）：13、21

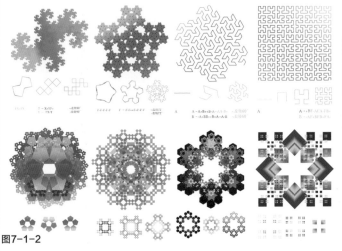

图7-1-2

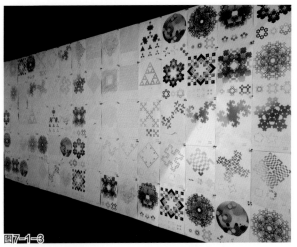

图7-1-3

0123

1. 分形图案设计方法

分形是集数学、计算机科学、美学为一体的图案生成方式，分形图案是以数学理论作为基础，通过调整迭代函数、变化规则及颜色参数等数据进行编程设计，实现程序代码的可视化，将枯燥的数据转化为绚丽的图案或图像。因分形图案所具有的特殊属性，其在纺织品纹样设计中具备一定的契合性。

南京艺术学院设计学院纺织品设计专业在教学中自2015年起着手进行分形图案设计实验，张萍、步振华老师指导的纺织品纹样设计课程中，以分形艺术为主要研究对象，探讨分形图案设计在纺织品纹样设计中的可能性，形成一批具有前瞻性的纹样设计案例（图7-1-1），让学生了解并实验了分形艺术的生成方式与制作原理。作品《迭代》（图7-1-2、图7-1-3）也是基于分形概念所做的图案系列实验，较为丰富地展示了分形图案的科学生成方法及形式，探讨纺织品设计学科中的科学性与艺术性的联系。

2. 自然图谱的视角转化

自然是纺织品纹样设计最重要与经典的主题之一，如何能在这一经典主题下找到更具现代审美趣味的创新突破点，是实验性设计思考的问题之一。图7-1-4至图7-1-6是一套以自然元素为灵感来源的实验性纹样设计方案，摒弃传统的花叶元素搭配，作者转换视角关注到掉落的玉兰花瓣上的车辙和鞋底印迹，这些压痕使洁白的花瓣显现出受伤后的深色痕迹，用自

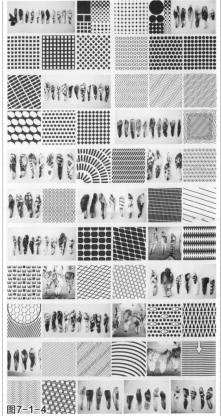

图7-1-4

然的语汇来探讨人对自然的干扰与介入，在这样的作品中，设计师更多的是记录者，发现并记录下这样的自然图案生成方式，并进一步复刻整合实验出一系列的几何纹样，对人类行为介入自然形成的纹样肌理进行了客观的摹写实验，获得系列性的抽象纹样，方法简捷有效，思路清晰，让观众印

图7-1-5

图7-1-6

象深刻。

3. 三维图案设计

二维呈现是纹样设计呈现的标准方式，平面软件辅助设计在纺织品图案设计中的运用已经趋于成熟，如何在纹样创新设计中运用新的方法，是实验性设计重点思考的问题之一。将三维建模软件的运用嫁接入纺织品

图7-1-2 《迭代》部分图案，作者：吴迪，指导教师：薛宁
图7-1-3 《迭代》展示效果，作者：吴迪，指导教师：薛宁
图7-1-4 以玉兰花瓣上的压痕作为灵感来源的纹样设计—纹样提取，作者：周姣
图7-1-5 以玉兰花瓣上的压痕作为灵感来源的纹样设计—自然记录，作者：周姣
图7-1-6 以玉兰花瓣上的压痕作为灵感来源的纹样设计—色彩提取，作者：周姣

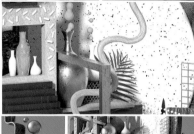

图7-1-7

图案设计，是具有跨界意味的尝试，C4D、Skechup等软件的介入让纹样设计产生全新的视觉感受。设计作品《社交隔离》（图7-1-7、图7-1-8）就是基于此思路，运用建模软件进行的图案设计实验，建构出虚拟的三维空间模型，再做纹样化处理，可应用于系列纹样设计和纺织品配套设计中，无论从纹样表现，还是从设计效率方面来说，这种方法都显示出相对于传

统平面装饰性的图案样式的升维优势。

（二）内涵与概念

1. 传统文化创新设计

2015年出现在南京艺术学院毕业展演中的一组装置作品吸引了观众的眼球，《板鹞》（图7-1-9）共由5个2米见方的巨大板鹞组成，以彩线穿梭连接，仿佛真的飞翔在空中一般。基本还原了"板鹞"这一物象的使用场景，同时又升华了其文化特质，使之成为图案创新设计的全新载体，实验了一种图案呈现的可能性。这组作品在2017年全国现代手工艺学院展中再次展出，这次的展览形式变悬吊为壁挂，在原有的基础上进一步发展，7个"改良"风筝与板鹞代表性传承人郭承毅先生制作的传统板鹞组合成一组墙面装饰，更加强化了"传承与创新"的当代设计意义（图7-1-10）。

南通的哨口板鹞雕制工艺中，包含雕刻、绘绣、书法、扎搓等工艺，也包含了一定的空气动力学、精妙的音响学和气象学。它不仅是人们欣赏、收藏的艺术品，也是情调高雅、文体相融的运动器具，可以说板鹞是融合了美术、音乐、体育、科学等学科内容于一身的文化载体，在审美方面，单就其几何结构与图案样式来说，也是极具现代美感的。板鹞的传统图案设计是以祈福为主要目标进行的，把具有象征意义的图案元素按照几何结构安排组织在合理的位置上，最终表现出平衡、对称的视觉效果。在此基

图7-1-9

图7-1-10

图7-1-7 《社交隔离》，作者：袁碧瑶，指导教师：薛宁

图7-1-8 《社交隔离》系列纹样应用，作者：袁碧瑶，指导教师：薛宁

图7-1-9 《板鹞》展示效果，作者：薛宁、谈坤、袁宁、顾广娟、于姗、沈思，指导教师：邬烈炎、龚建培

图7-1-10 《板鹞》展示效果，作者：薛宁、谈坤、袁宁、顾广娟、于姗、沈思，指导教师：邬烈炎、龚建培

础上，对板鹞图案的实验性设计就指向图案样式与布局结构两个方面进行重点考量。在《板鹞》这组作品中，图案设计灵感来源于经典的传统图案，如湖湘织锦、宋人花鸟等（图7-1-11），布局方式部分保留了经典的七星鹞样式，在此结构基础上，对传统图案进行抽象演绎，通过这样的设计手法，加载传达文化传承与创新的内涵。

2. 网格骨式图案生成方法实验

构图与布局是纺织品纹样设计的基本问题，陈之佛先生在对图案构图方法的研究中称之为图案的骨式编排，纺织品纹样教学一直以来试图提出具

图7-1-8

图7-1-11

图7-1-12

图7-1-13

图7-1-14

有普适性的图案骨式设计方法，针对这一问题，在纺织品纹样设计课程中进行了网格式的骨式图案设计方法的系列实验，并产生出一系列具有实用性的纺织品实验纹样（图7-1-12），一定程度上说明网格式的图案骨式生成方法具有一定的可行性。

网格骨式的图案生成方式基于对

图7-1-11 《板鹞》纹样设计，作者：薛宁、谈坤、沈思、袁宁、于珊，指导教师：邬烈炎、龚建培
图7-1-12 网格骨式纹样生成练习，作者：潘伟伟，指导老师：薛宁
图7-1-13 《反熵》，作者：朱运，指导教师：薛宁
图7-1-14 网格骨式下的纹样生成方式练习，作者：朱运，指导教师：薛宁
图7-1-15 《冷夜》，作者：遇宝驹，指导教师：龚建培

经典的传统纹样的探究，阿拉伯式图案、藻井图案、织锦图案等都具备明显的网格的结构形式与模件式的图案组合规律，在此基础上，针对课程主题进行图案构架与生成实验，通过这样的图案生成方式可以较为有效地产出大量有秩序感的网格式纹样。

借助伊斯兰风格图案的几何网格结构，运用"模件"概念，进行图形游戏，形成数列级的图案元素，并组合成纹样，这样的纹样生成实验在2015年设计作品《反熵》（图7-1-13）中明确体现，作品以尺规作图为参考样板，拆解结构复杂的几何图案，重新排列组合形

成向心式对称、二方连续等结构纹样（图7-1-14），结合数码印花、激光切割、机绣等工艺手法呈现出丰富而有新意的纺织品纹样设计方案。

3. 视幻概念下的摩尔纹样实验

摩尔纹是数码设备的感光元件出现的高频干扰条纹，其本身没有明显的形状规律，是故障艺术的一种，合理地利用这一光学现象，或是刻意模仿摩尔纹绘制条纹图案，会使观众出现视幻，使原本静止的纹样"动"起来。

作品《冷夜》（图7-1-15）和《阴雨晴天》（图7-1-16）是其创作者在研究了摩尔纹这一视觉现象的基础上做出的实验性纹样设计作品，利用双层滑动结构，呈现出纹样的动态演绎，不仅拓宽了纹样呈现的方法边际，也反映出纹样设计者对科学图像生成这一领域有较为深入的探索与研究。

（三）方法与表现

1. 基于材料的纹样创新实验

《何以沫》（图7-1-17）是一组以纸为主要原料创作的作品，作

图7-1-15

图7-1-16

图7-1-16 《阴雨晴天》，作者：遇宝驹，指导教师：龚建培

图7-1-17 《何以沫》，作者：任鑫，指导教师：龚建培

图7-1-18 《何以沫》延伸实物展示，作者：任鑫，指导老师：龚建培

图7-1-19 《穹境》，作者：龚建培、韩小丽、薛宁、殷悦、王珊珊、张倩怡

者利用纸的层叠关系和纸浆材料的塑形力，展开综合纤维的共生力的探索，基于对材料的了解与把握，形成运用纸浆材料制作的系列纹样与纤维艺术设计作品（图7-1-18）。

纤维艺术作品《穹境》（图7-1-19），是一组大型壁挂式作品，充分利用金属混纺、涤棉交织等材料的特性，合理地展现出定位纹样的设计巧思，灵活运用拔染、烂花等工艺手段制作而成的实验性作品，巧妙地结合了纹样设计与材料、工艺，展现出诗意山水的画面意境。

2. 基于载体的纹样创新实验

《无界》（图7-1-20）是一组兼具装饰性与实用性的系列作品，作品包括四把椅子，一组墙壁装饰图案，以及衍生纺织品（抱枕、地垫等），这组作品的纹样设计以云锦纹样为线索，运用云锦实物与图案元素，串联出适合不同材质、形态的载体的系列纹样，探索非遗艺术在现代家居空间中的应用可能，作品中四把椅子为云锦注胶制成，改变了椅子原有的材料，呈现出"可透视"的新视觉效果。在整组作品中作者灵活地运用多种纹样编排方法、交织多种材料载体、二维三维多层展示，充分地呈现了系列纹样的多元化设计思路，为传统纹样的传承与创新提供了新的思路。

作品《走过时间的风景》（图7-1-21）把系列纹样置于沙滩椅上展示，在展览画面的同时暗示观众作品的观赏性与实用性并存，统一的形制和现成品的结构增强了作品的趣味性。

作品《微观交织图景》（图7-1-22）是基于网格骨式方法制作的模件式计算机生成纹样实验在现成品（餐椅）上的呈现，体现出纺织品纹样设计的生活化与产品化。

3. 基于工艺的图案创新实验

作品《孪生》（图7-1-23）是基于对称图案的原理分析进行的纹样生成实验。呈现方式为数码印花与机器刺绣结合，探讨正负形与对称结构的图像关系。平整均匀的机绣工艺呈现也与图案设计相得益彰，使作品层次丰富。

作品《烟如织》（图7-1-24）以定位纹样的设计方法，运用苏绣的制作技艺，精致地描绘出抽象的纹样形态，如烟似石的纹样元素源自塑料袋的摄影图像，纹样对象与工艺形成有趣的对比，廉价的塑料与精美细致的刺绣结合传递出"精与拙""废与珍"的观念碰撞。

（四）密度与维度

1. 细密与巨幅纹样呈现

突破常规的视觉印象，是图案创新设计实验的设计手法之一，在不同的尺度下，纹样显示出不同的视觉张力。

图7-1-25中，作者仔细描绘细密的微小纹样在远观时形成正片的灰色调，近看呈现出的细节丰富让人印象深刻。

图7-1-26，放大的叶子元素打破了观众的视觉常识，在尺度上带来

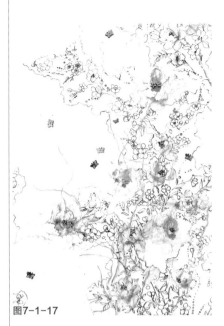

图7-1-17

图7-1-18

图7-1-19

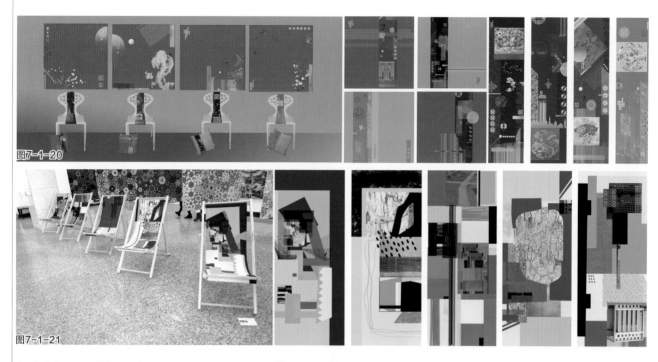

图7-1-20

图7-1-21

0127

视觉冲击，从而让人印象深刻。

图7-1-27则是对纹样的密度与尺度两个方面进行放大，在空间中形成包围趋势，呈现出沉浸式的体验效果。

2. 三维空间的二维呈现

《意向的空间解析》（图7-1-28）作品中，作者把利用三维软件skechup所绘制的异性三维空间作为纹样的主体元素加以利用，创造出一系列具有透视感的"超现实空间"，让画面更具层次与空间感，是行之有效的实验设计方案。与之类似的图7-1-29，也是利用了三维空间的二维呈现的手法，

图7-1-20 《无界》，作者：申妍妍，指导教师：龚建培

图7-1-21 《走过时间的风景》，作者：王雪纯，指导教师：薛宁

图7-1-22 《微观交织图景》，作者：危艳卿，指导教师：薛宁

图7-1-23 《孪生》，作者：杨海云，指导教师：薛宁

图7-1-24 《烟如织》，作者：李秀秀，指导教师：龚建培

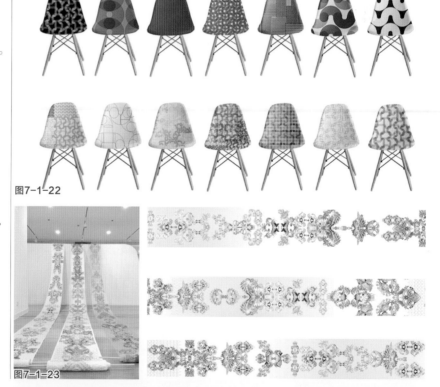

图7-1-22

图7-1-23

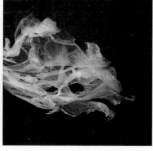

图7-1-24

图7-1-25

图7-1-26

图7-1-27

图7-1-28

图7-1-25　《森》，作者：冯程程，指导教师：龚建培
图7-1-26　国际纤维艺术展（上海）作品
图7-1-27　被高密度的纹样填满的房间
图7-1-28　《意向的空间解析》，作者：李姗姗，指导教师：龚建培
图7-1-29　用三维表现二维和用二维表现三维

让观众产生降维的视错觉，达到反差对比的实验目的。

三、实验性纺织品纹样设计的实践意义

实验性纺织品纹样设计的训练，需要调动学生在整体设计思路上对设计主题、设计材料、设计方法、设计技法、设计呈现等各环节上提出问题、产生好奇、进行实验解决问题从而获得创意经验，在实验设计中应给予宽泛的实验空间，设计结果尽量完整，但由于实验设计的针对性，可就设计环节的局部进行探讨，不要求方案的完整。

实验性纺织品纹样设计的训练，在设计问题的看法方面有助于激发学生打开视野，突破学科边界探索跨界设计的创新灵感。在设计思路的想法方面有助于学生思考设计观念、文化内涵、思路方法的整合与更新。在设计呈现的手法方面，调动自身的主观能动性寻找新材料、新技术、新展示方式。

第二节 主题性纺织品纹样设计

一、主题性纺织品纹样设计的概念解读

主题性设计近年来在艺术设计领

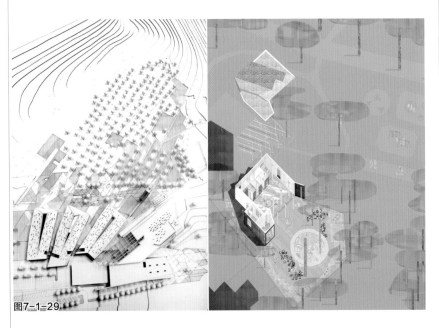
图7-1-29

域被广泛提及，主题性设计指的是围绕一定的既定主题进行设计，在纺织品纹样设计领域，这一概念也逐渐为人熟知，并逐步融入纺织品纹样设计教学体系中，形成主题性纹样设计的初步思路和基本规范。

了解主题性设计，要搞清主题性纺织品设计与纺织品配套设计之间的关系。纺织品配套设计，一直以来是纺织品设计学科教学体系中的重要课目之一。纺织品配套设计与主题性纺织品设计有一定的共通之处。配套设计与主题性设计都强调设计的"系列性"，要求设计方案的完整，不单是从元素和色彩的运用，到表现方式的呈现，以至于产品样式与品类的选择都要形成系列且相互呼应。不同的是，纺织品配套设计更注重的是设计方案的"形式配套"，而主题性设计更看重"统一叙事"，更强调设计前调研的重要性，通过文化的调研，资料的收集整理，获得设计线索，围绕主题制定设计方案，在设计过程中体现文化内涵，从而获得更有故事性的设计结果，是主题性纺织品纹样设计的主要设计思路。由此可见，主题性的纺织品配套设计更偏重文化内核，拥有经得起推敲的设计前调研，而通过配套设计的呈现可以更完整全面地体现纺织品设计的主题性。所以说主题性纺织品设计与纺织品配套设计是相辅相成的，在传统的纺织品配套设计中导入主题性概念，是符合当代纺织品纹样设计发展方向的，是更能体现设计内涵的。

如今在纺织品纹样设计教学中强调运用主题性设计方法，在老师教授方面，可以将单项内容通过主题链接成层层递进的结构关系，加强了课程与教学体系的逻辑性与整体性。"先导教学中传授的图案设计概念、规则、表现形式等设计要素围绕主题形成理解与提取、转化与表现的互动环节，形成主题设计教学的内驱力。"[1]在学生学习方面，课题的设定让学生需要主动围绕着课题做资源的整合，学生在方案设计过程中拓展了思维，充分调动了学习兴趣和积极性，"有助于

培养独立思考和全面分析的能力；有助于培养沟通与协作方面的能力；有助于培养主动创新能力；有助于跨界延伸拓展视野。"[2]

纺织品纹样设计的主题设定，应该理解和掌握纹样设计叙事中的故事性、延续性、社会性等特性要素。

二、主题性纺织品纹样设计的类型

（一）叙事性与文化性

可以说任何艺术作品都具有叙事性，艺术主题通过叙事来显示其含义与价值，与语言文字、音乐等艺术领域的线性叙事不同，画面所呈现出的叙事方式更加多元化、多维化，纺织品纹样同样是用画面叙事。在设计主题的设定方面，需要注意其在广度与深度上的故事性，即是否有很多值得挖掘的"关键词"，以便于展开主题相关的深入调研，获得有创新价值的设计线索。在主题性设计方案实施方面，不仅要考虑单幅纹样中的叙事逻辑，同时需要兼顾纹样在系列性、配套性作品中的整体叙事关系。

纺织品纹样的叙事性主要体现在图案元素的选择与编排上，在主题范围内提炼具有一定表意符号特征的图案元素，统一表现手法、风格、色彩等形式要素，按照一定的骨式结构组

合形成纹样，再配合主题色彩、材料、布局等设计要素形成主题式配套方案。

1. 南京城市文化主题

以南京文化为主题范围，是文化场域出发的尝试，在理性、感性的层面都具有一定的可行性：一方面南京为"六朝古都，十代都会"具有深厚的文化底蕴和较为清晰的文脉传承，便于搜索和挖掘相关历史信息；另一方面，南京是学生居住与学习的城市，更能调动学生的主观能动性，从"我"的角度思考，获得有感而发的设计方案。

以南京六朝之都为主题，提取与记叙与六朝历史有关的人、物、事，聚焦某一线索，形成具有一定主题性的纹样设计方案，并延伸配套，形成丰富的纹样配套方案。

图7-2-1是在以六朝文脉为主题方向进行的设计探索，作者以六朝博物馆中的展品为线索进行深入的文化调研，在了解历史背景和政治文化故事之后，聚焦六朝时期"人"的生活与时尚，以陶俑这一类具体物品为主要形象元素，分类表现出不同身份的人物风貌，分别以"丝竹乐""田园作""侠客行""咏君子""智多星"来命名象征不同身份者的六朝人群，具有一定的故事性与趣味性。

图7-2-2是反映民国时尚的设计实验，作者用超现实主义的创作风格，

注释：
[1] 周庆. 设计基础教学的模式与创新途径 [J]. 创意与设计, 2016（1）: 85-91
[2] 董双. 英国艺术设计高等教育中主题式教学的意义 [J]. 智库时代, 2019（11）: 200-221

图7-2-1　系列丝巾纹样及其延伸产品设计。《六朝俑相》，作者：邹晓琴，指导教师：薛宁

图7-2-1

把南京的民国风情建筑拟人化，选取有代表性的民国月份牌元素、民国老物件元素一同组合画面，形成极具装饰美感的系列画面。

2. 少数民族文化主题

少数民族文化是设计研究关注的重点领域之一，以少数民族文化为主题进行创新设计具有一定的优势：文化方面，民族地区的传统手工技艺种类丰富，对于传统文化的继承有较好的传统，调研阶段对于文脉的梳理来说有丰富的线索可供选择与挖掘；设计阶段对于特殊材料与技艺的运用也十分便捷。政策方面，产业政策大力支持对少数民族文化的传承与创新，对这方面的创新设计与研究有较大的需求；应用方面，以少数民族文化为主题的设计方案一般来自于指向性设计合作，有较大机会参与少数民族文化开发项目，设计方案的落地应用有较大的现实机会。

2018年纳西族文化衍生设计项目中，以纳西族文化为主题进行纹样再设计，寻找到"七星披""纳西悬鱼""自然神""发髻""东巴木牌"等具有标志性的民族图腾作为切入点，结合纺织品设计专业的图案设计与手工印

染，靛蓝染色为技术手段，进行主题性的纺织品设计（图7-2-3），以纹样设计为先导，延伸至款式、品类等方面的完整系列产品设计方案，获得了宝贵的实践经验。

2021年，王建老师指导畲族文创产品设计项目中纺织类产品图案创新设计（图7-2-4），同样结合纺织品设计的专业特色，以纹样为核心，设计出若干套完整系列方案，获得好评。

（二）传承性与延续性

与中国传统文化相关的主题因其深远的时间线索和宏大的体量，是主题性设计选题的宝藏资源，以传承、延续、创新作为设计责任，不但可以使传统文化与现代设计结合发展，还可以增强学生的文化积累与文化认同感，同时拓宽学生的视野，增长工艺技能知识。

1. 非遗延伸主题

非物质文化遗产依托于人本身而存在，以声音、形象和技艺为表现手段，是"活"的动态文化。中华民族的非物质文化遗产博大精深，千姿百态，数量众多，内容涵盖面极广，是极具挖掘潜力的设计宝库。非遗文化依托于人而存在，以声音、形象、技艺为

表现形式，口传心授为主要传承手段，20世纪末以来，非遗主题的研究众多，设计领域也较为重视，以非遗文化为设计课题，既能保证设计范围的广度与深度，便于学生收集分析调研资料，

图7-2-3

图7-2-2　《星幻》，作者：李雨晗，指导教师：王建、张萍、薛宁
图7-2-3　纳西文化主题图案设计，作者：2016级纺织品设计专业学生，指导教师：薛宁
图7-2-4　纳西文化主题延伸产品设计，作者：2016级纺织品设计专业学生，指导教师：薛宁

图7-2-2

图7-2-4

金陵刻经系列滑板：

组一　　　　组二　　　　组三　　　　组四

南京云锦系列滑板

图7-2-5

图7-2-6

（三）社会性与时事性

围绕社会热点展开主题设计在各个艺术领域中都是常见的现象，正是因为社会热点问题可以反映当下的政策动向、设计需求，所以关注社会热点，具有时事敏感性是设计师应该具备的素质之一。一方面，以社会性的热点问题为主题进行设计，更容易获得社会关注度；另一方面，以社会热点问题为主题进行设计，更贴合政策指向，更容易获得市场机会。

当然，只有贴合热点与纹样设计本身的审美规则并重，才能获得更有价值更能被广泛接受的设计方案。

1. "一带一路"主题

"一带一路"是"丝绸之路经济带"和"21世纪海上丝绸之路"的简称，2013年9月和10月由中国国家主席习近平分别提出建设"新丝绸之路经济带"和"21世纪海上丝绸之路"的合作倡议。2015年3月28日，国家发展改革委、外交部、商务部联合发布了《推动共建丝绸之路经济带和21世纪海上丝绸之路的愿景与行动》，"一带一路"的说法逐渐被大众熟知，有关此主题的设计训练也普遍开展。在2015年南京艺术学院纺织品设计专业以"一带一路"为设计主题，进行纺织品图案设计的训练课题，通过"主题解读——寻找关键词——提炼形式要素——纹样设计——主题配套方案"的分析思路，获得了较为可观的设计方案，图7-2-8是着眼于丝绸之路上的文字展开的图形化设计，以阿拉伯文字为切入点和主要元素，结合网格结构形成的系列丝巾纹样及配套延伸纹样（图7-2-9）。

图7-2-10以直观的船只形象作为符号象征海上丝绸之路，历代的航海经历，演化成画面中的各种主题元素，通过不同的构图方式呈现出可发展的主题套系纹样，适用于不同的纺织品品类。

2. 优秀传统文化主题

为顺应时代的号召，南京艺术学院纺织品设计专业图案设计课程近年来以中国传统织锦图案为母题，形成了"图案骨式分析→经典摹写→结构重构→色彩重塑→设计创新"的五

0131

又能加深学生对非遗文化的认知与感情，有利于传统文化的传承与创新。

以南京非遗为研究范围，深挖城市文脉，诞生了一组南京非遗主题的纹样设计（图7-2-5），巧妙地链接滑板这一时尚运动用具载体，让非遗的"古"呈现出年轻态。

图7-2-6为基于湖湘织锦纹样进行的图案演绎与创新改编，结合数码风格和流行色，让非遗织锦呈现新的设计面貌。

2. 生肖文化主题

生肖是中国特有的一种文化呈现。十二生肖传统文化由来已久，可以追溯到商周时期，至汉代发展成熟，延续至今并在世界范围内被广泛接受与喜爱，生肖主题在各个设计领域都是喜闻乐见的。以生肖文化为设计主题有助于传统文化和现代文化产业的双向发展，增强人们的文化体验和认知，传承发扬创新传统文化。以生肖为设计主题，需要注意的是其时效性、时尚性、实用性等属性特征。

2018年文创产品设计课程中以第二年的生肖"猪"为主题提前创作了一批具有一定应用价值的图案设计实验作品（图7-2-7）。

图7-2-5　《经锦·金陵刻经》《经锦·南京云锦》南京非遗主题系列滑板纹样设计，作者：苏曹木兰、陈诗瑶，指导教师：张萍
图7-2-6　湖湘织锦纹样演绎练习，作者：朱运，指导教师：薛宁

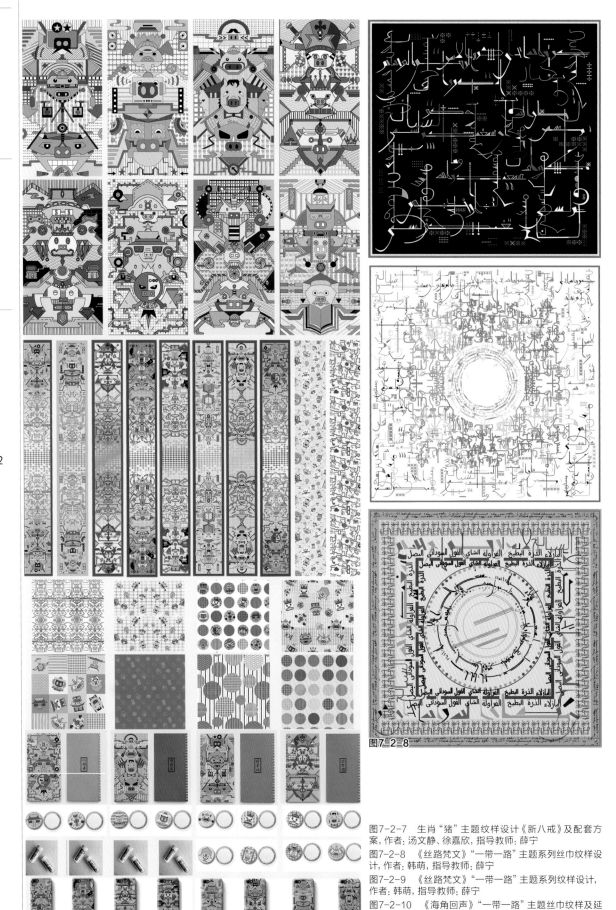

图7-2-8

图7-2-7　生肖"猪"主题纹样设计《新八戒》及配套方案，作者：汤文静、徐嘉欣，指导教师：薛宁

图7-2-8　《丝路梵文》"一带一路"主题系列丝巾纹样设计，作者：韩萌，指导教师：薛宁

图7-2-9　《丝路梵文》"一带一路"主题系列纹样设计，作者：韩萌，指导教师：薛宁

图7-2-10　《海角回声》"一带一路"主题丝巾纹样及延伸纹样设计，作者：马晨斐，指导教师：薛宁

图7-2-7

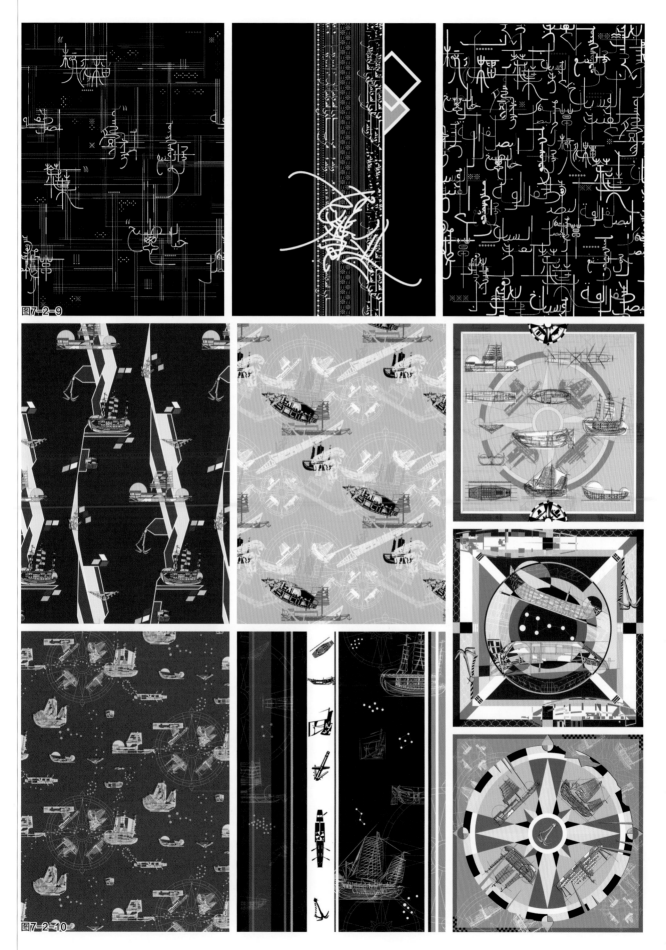

图7-2-9

图7-2-10

步创新图案设计方法的教学模式（图7-2-11）。

在这一主题设计模式下，学生认识、理解、掌握了关于传统织锦的图案设计文化内涵，同时又运用摹写、解构、重构的手段进行创新设计，获得了更具文化内涵的设计体验。

（四）生态性与时尚性

动植物与环境共生共演化，形成我们熟悉的生态关系。自然主题是纺织品纹样设计的经典主题之一，是最广受欢迎的主题选择之一。自然主题的取材广泛多样，包括动物、植物、花卉、风景等（图7-2-12、图7-2-13），在这类主题的纹样设计作品中，我们可以通过动植物等自然元素的组合实现其在视觉方面的"共生"，让观众感受到大自然的无穷魅力与风光情调（图7-2-14、图7-2-15）。

1. 富于变化，形态多样

自然元素本身形式即具备多样性特征，不仅有像"风雨雷电"一类无形元素，同种类的动植物图案也会因姿态、表现形式、绘制手法等不同而发生变化。这些都使得这一类主题纹样的变化具有无穷的可能性（图7-2-16）。

2. 适配度高，搭配多样

生态性的元素种类可以与几何类、网格类、生活类等任何其他种类的图案元素搭配契合，形成不同的设计风格与主题内涵（图7-2-17、图7-2-18）。

三、主题性纺织品纹样设计的实践意义

主题性纺织品纹样设计的训练，是纺织品图案设计课程中元素造型、色彩、布局结构等基础要素练习与完整的配套设计呈现之间的过渡，通过主题性设计的训练，把点性的设计技能串联成进阶性的设计思路。主题性纺织品的设计训练有助于学生清晰明确地领会设计任务，有助于学生加强对设计调研以及整体设计策划方面的锻炼，有助于学生理清设计思路，形成有效的完整的主题性设计方案（图7-2-19）。

图7-2-11 以中国传统织锦纹样为母题的图案创新设计。作者：魏雪儿、宁晨、许莉莉、陈柯瑶、南京艺术学院2018级纺织品设计专业学生，指导教师：薛宁

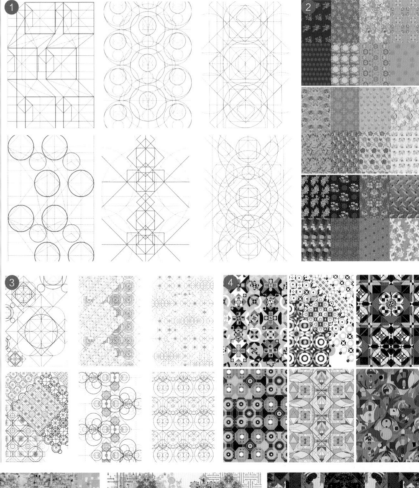

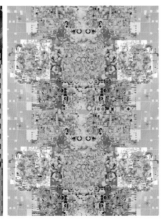

图7-2-12

图7-2-13

图7-2-14

图7-2-15

图7-2-16

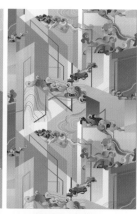

图7-2-17

图7-2-18

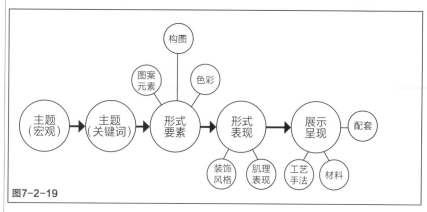

图7-2-19

四、思考与练习

1. 举例说明实验性纺织品纹样设计的几种手段。

2. 纺织品纹样设计的实验性应具有哪些特性?

3. 纺织品纹样设计的主题性指的是什么?

4. 简述主题性纺织品纹样设计的特性分类。

5. 尝试运用实验性手段进行自选主题的系列纺织品纹样设计。

图7-2-12 动物主题纹样

图7-2-13 花卉植物纹样

图7-2-14 《丝路花语》,作者:王建星,指导教师:龚建培

图7-2-15 《幻花海》,作者:王启,指导教师:龚建培

图7-2-16 相同的纹样元素不同的构图形成的系列纹样。《且听风吟》,作者:薛宁,指导教师:龚建培

图7-2-17 《奇葩》,作者:张璨琳,指导教师:龚建培

图7-2-18 《迷雾森林》,作者:薄梦丽,指导教师:龚建培

图7-2-19 主题性设计的思路及关键点示意

参考文献

中文文献

1. 程尚仁、温练昌 . 染织图案基础 [M]. 上海：上海人民美术出版社，1979
2. 张风 . 纹样设计 [M]. 广东：岭南美术出版社，1987
3. 黄国松、朱春华、曹义俊 . 纺织品图案设计基础 [M]. 北京：纺织工业出版社，1990
4. 田自秉、吴淑生、田青 . 中国纹样史 [M]. 北京：高等教育出版社，2003
5. 龚建培 . 现代家用纺织品的设计与开发 [M]. 北京：中国纺织出版社，2004
6. 黄国松等 . 染织图案设计 [M]. 上海：上海人民美术出版社，2005
7. 黄元庆 . 印染图案设计 [M]. 上海：东华大学出版社，2007
8. 龚建培 . 纤维艺术的创意与表现 [M]. 重庆：西南师范大学出版社，2007
9. 汪芳 . 染织图案设计教程 [M]. 上海：东华大学出版社，2008
10. 周李钧 . 现代绣花图案设计 [M]. 北京：中国纺织出版社，2008
11. 田琳 . 纹织物设计 [M]. 北京：中国纺织出版社，2009
12. 中国家用纺织品行业协会 . 中国家纺文化典藏 [M]. 北京：中国纺织出版社，2009
13. 张晓霞 . 中国古代织物纹样发展史 [M]. 上海：上海文化出版社 .2010
14. MCOO 时尚视觉中心 . 印花与图案 [M]. 北京：人民邮电出版社，2011
15. 周纠、张爱丹 . 织花图案设计 [M]. 上海：东华大学出版社，2015
16. 钱雪梅、龚建培、阮洪妮 . 刺绣艺术设计 [M]. 重庆：西南师范大学出版社，2017
17. 王叔珍、刘远洋 . 中国文物图案造型考释——织绣 [M]. 昆明：云南人民出版社，2019
18. [日] 城 一夫 . 西方染织纹样史 [M]. 孙基亮 . 译，北京：中国纺织出版社，2001
19. [英] 亚历克斯·罗素 . 纺织品印花图案设计 [M]. 程悦杰等 . 译，北京：中国纺织出版社，2015
20. [西] 安赫尔·费尔南德斯 . 国际时装图案设计——从设计概念到最终成品 [M]. 李衍萱等 . 译，上海：东华大学出版社，2016
21. [美] 苏珊·梅勒、[荷] 约斯特·埃尔弗斯 . 纺织品设计——欧美印花织物 200 年图典 [M]. 吴芳、丁伟、陈鑫 . 译，苏州：苏州大学出版社，2018
22. 黄永林 . 数字化背景下非物质文化遗产的保护与利用 [J]. 文化遗产，2015（01）：1-10
23. 周庆 . 设计基础教学的模式与创新途径 [J]. 创意与设计，2016（1）：85-91
24. 赫云 . 中国传统艺术母题、主题与叙事理论关系研究 [J]. 东南大学学报，2018（7）：130-138
25. 邬烈炎 . 发展·建构·实验——南京艺术学院设计学院面貌描述 [J]. 中国艺术，2019（05）：44-45
26. 董双 . 英国艺术设计高等教育中主题式教学的意义 [J]. 智库时代，2019（11）：200-221
27. 孙小傅 . 生肖主题文化创意产品设计研究 [J]. 艺术与设计，2020（2）：104-105
28. 高岩、朵宁 . 从标新立异到集成运算化设计 [C].2010 年全国高等学校建筑院系建筑数字技术教学研讨会论文集，2010（08）：13、21

英文文献

1. Susan Meller .*Russian Textiles: Printed Cloth for the Bazaars of Central Asia*[M].New York:Abrams.2007
2. Drusilla Cole.*Textile Now*[M].London:Laurence King Publishing Ltd,2008
3. Lesley Jackson.*Shirley Craven and Hull Traders-Revolutionary Fabrics and Furniture 1957-1980*[M]. Suffolk: Antique Collectors Club Dist,2009
4. Drusilla Cole.*The Pattern Sourcebook*[M].London:Laurence King Publishing,2009
5. Bradley Quinn.*Textile Futures: Fashion, Design and Technology*[M].New York:Berg Publishers.2010
6. Pepin Van Roojen. *Novelty Prints: Animals*[M]. Amsterdam:Pepin Press,2012.
7. Bradley Quinn.*Textile Visionaries: Innovation and Sustainability in Textile Design*[M].London:Laurence King Publishing.2013
8. Amanda Briggs-Goode.*Printed Textile Design*[M].London:Laurence King Publishing.2013.
9. Avalon Fotheringham.*The Indian Textile Sourcebook*[M].London:Thames & Hudson.2019
10. Marian Jazmik. *Textures from Nature in Textile Art*[M].London:Batsford Ltd,2021.

后　记

　　本书是在多年教学实践的基础上撰写的，有机结合了南京艺术学院纺织品设计专业的部分教学成果。本书从策划到完稿历经多个年头，其原因，一是教学科研任务繁重，二是不断调整、改进，希望借此教材的撰写能够在理论与实践方法上，尽量达到全面性、系统性、条理性、前瞻性的预设目标。

　　本书共分为七章，第一章、第二章、第五章、第六章由龚建培撰写，第七章由薛宁撰写，第三章、第四章由龚建培、薛宁共同撰写，龚建培负责全书统稿。本专业的王建、张萍老师也慷慨提供他们在主题性、实验性设计课程教学中的优秀作业。本专业的研究生韩小丽、朱宿宁、潘伟伟、沈靖、李姗姗等也参与了部分文字、图片的收集和整理工作，书中还使用了历年本科生的部分优秀课堂作业，在此表示感谢。

　　本书借鉴了诸多前辈和同仁著作、论文中的成果及见解，为了阅读的方便没有在文中一一标注，已在参考文献中列出，在此一并致以深深的感谢！

　　本书的付梓既要感谢南京艺术学院校级重点教材的经费支持，还要感谢西南大学出版社总编辑李远毅先生、美术分社王正端编辑的策划和多年的敦促、支持，以及出版社其他编辑的辛勤付出。

图书在版编目（CIP）数据

纺织品纹样设计 / 龚建培，薛宁编著 . -- 重庆：
西南大学出版社 , 2022.12
ISBN 978-7-5697-1623-8

Ⅰ . ①纺… Ⅱ . ①龚… ②薛… Ⅲ . ①纺织品—纹样
设计 Ⅳ . ① TS194.1

中国版本图书馆 CIP 数据核字 (2022) 第 226495 号

现代纺织艺术设计丛书

主　　编：常沙娜
执行主编：龚建培

纺织品纹样设计
FANGZHIPIN WENYANG SHEJI

龚建培　薛宁　编著

责任编辑：王正端
责任校对：邓　慧
整体设计：汪　泓　王正端
出版发行：西南大学出版社
地　　址：重庆市北碚区天生路 2 号
邮政编码：400715
本社网址：http://www.xdcbs.com
网上书店：http://www.xnsfdxcbs.tmall.com
电　　话：(023) 68860895
传　　真：(023) 68208984
经　　销：新华书店
排　　版：重庆新金雅迪艺术印刷有限公司
印　　刷：重庆新金雅迪艺术印刷有限公司
幅面尺寸：210mm×285mm
印　　张：9
字　　数：346 千字
版　　次：2022 年 12 月 第 1 版
印　　次：2022 年 12 月 第 1 次印刷
书　　号：ISBN 978-7-5697-1623-8
定　　价：69.00 元

本书如有印装质量问题，请与我社市场营销部联系更换。
市场营销部电话：(023) 68868624 68253705

西南大学出版社美术分社欢迎赐稿。
美术分社电话：(023) 68254657 68254107